硯林樹信

姚树信与徐公砚

西泠印社出版社

图书在版编目（CIP）数据

砚林树信 ：姚树信与徐公砚 / 姚树信著. -- 杭州：西泠印社出版社，2023.2
ISBN 978-7-5508-4006-5

Ⅰ. ①砚… Ⅱ. ①王… Ⅲ. ①砚－介绍－中国 Ⅳ. ①TS951.28

中国版本图书馆CIP数据核字(2022)第254535号

主　　编　王立强
副 主 编　姚浩然　姚蔚然　林海燕
策划设计　山东砚宝斋文化创意有限公司

砚林树信：姚树信与徐公砚

姚树信　著

出 品 人　江　吟
责任编辑　李　兵
责任出版　冯斌强
责任校对　刘玉立
出版发行　西泠印社出版社
（杭州市西湖文化广场32号5楼　邮政编码　310014）
经　　销　全国新华书店
制　　版　杭州市舒卷文化创意有限公司
印　　刷　浙江海虹彩色印务有限公司
开　　本　889mm×1194mm　1/16
字　　数　150千
印　　张　20.75
印　　数　0001—2000
书　　号　ISBN 978-7-5508-4006-5
版　　次　2023年2月第1版　第1次印刷
定　　价　368.00元

西泠印社出版社发行部联系方式：（0571）87243079

姚树信

中国徐公砚联合开发公司董事长
第四届、第五届中国文房四宝协会副会长
第七届中国文房四宝协会高级顾问
山东砚宝斋文化创意有限公司董事长

姚树信，1940 年生于山东兖州书香世家，毕业于南京林业大学家具设计专业。中国传统工艺美术大师、高级传统工艺师，山东省优秀民营企业家，山东省书法家协会会员。曾任山东省政协委员，山东省工商联常委，济宁市工商联副会长，兖州区政协副主席。

1978 年创办兖州新艺装饰家具公司，享誉四方，人称“家具大王”。1994 年，响应党中央关于民营企业家到革命老区开展“光彩事业”的号召，在沂蒙山区致力于徐公砚的开发。经过 28 年对砚文化的传承、创新和市场开拓，使湮没地下逾千年的徐公砚石重现世间，赋徐公砚石以新的艺术生命，使之成为不朽之画、无声之歌、掌中山河、案上乾坤、与世共存的艺术珍品。

姚树信作为中国文房四宝界的杰出代表，为弘扬砚文化做出卓越贡献，多次受到国家领导人的亲切接见；书法家、收藏家对姚树信传承和创新徐公砚给予了高度赞评。其徐公砚作品六次荣获全国名砚博览会金奖，两次荣获“国之宝”证书，多次作为国礼赠送外国元首。

姚树信的砚文化论著先后入编《四宝精粹》《经典艺术》《领导科学》（内参）等 20 多种书刊，个人事迹被《人民日报》《人民政协报》等 30 余家媒体报道。姚树信先后在南京大学、南京艺术学院及台北大学等高等院校发表《砚与中国传统文化》的演讲。2010 年荣获第七届感动中国年度人物十大杰出艺术家；2014 年荣获中国国际传统工艺博览会“中国传统工艺特殊贡献奖”；2019 年被中国文房四宝协会授予“特殊贡献奖”，并被聘为中国文房四宝协会高级专家顾问；2020 年荣获“影响百年·中法艺术终身成就奖”。

序

徐公砚是一个古老而又年轻的砚种。

为什么这样说呢？文房四宝，砚是其中之一。中华砚文化博大精深，砚居文房四宝之首，是华夏文明的重要组成部分，距今有五六千年的历史，是宝贵的民族文化遗产。我们今天看到的砚台，大都传千年而不朽，经历了漫长的岁月洗礼。徐公砚早在唐宋时期即负盛名，后因战乱和地理偏僻，砚石开采中断，又地下湮没逾千年，世人对其少有所知。即便是在中国文房四宝协会内，也鲜见有人能对徐公砚说出个一二。直到 28 年前姚树信投资开发徐公砚，外界才渐渐对徐公砚有所了解，我们才对徐公砚有了较为全面的认识。短短 28 年，姚树信就使徐公砚恢复了昔日的光彩，成为备受世人喜爱的名砚，这不能不说是文房四宝界的一个传奇。

姚树信开发徐公砚始于 1994 年。那一年，他响应党中央号召，参加山东省民营企业家“光彩事业”扶贫考察团，到沂蒙山革命老区考察，并投资开发了沂南县的徐公砚，引领带动了当地徐公砚制作的快速发展。而在此之前，即便是当地人，也不知深藏山沟沟里的徐公石有多么宝贵，只有极少数的人用其做砚台，所以徐公砚并不为外界所熟知。投资开发的当年，姚树信就带着徐公砚来到北京，参加了在中国美术馆举办的首届中国名砚博览会，并荣获金奖。由此，徐公砚一鸣惊人。此后的许多年里，几乎在所有的文房四宝博览会上都能见到姚树信携带徐公砚参展的身影。他不仅致力于开发制作徐公砚，而且一直奔走在宣传、推广徐公砚的路上。徐公砚能够在短短 28 年时间里，为社会、为世人、为收藏家所接受、所珍爱，姚树信为此作了辛勤付出，其执着、拼搏、创新的担当精神，可嘉可敬。

姚树信出身于书香世家，深厚的文化底蕴，使其具有很高的审美能力，这使得他开发出的徐公砚一亮相，就吸引了人们的眼球。徐公石历经 7 亿年水蚀冲刷而成，其积蕴天然、石质温润、层峦叠嶂、返璞归真的特点，让砚石爱好者、收藏者耳目一新。人类造物千年的时间尺度，在以亿丈量的地质年轮面前相形见绌。姚树信深感这些见证人类生命和文明的变更延续更具感染力，更以其蜿蜒流动的生命，沉静地融化在徐公砚的造化胜景中。他很好地把握了徐公石的特点，并将其转化为徐公砚的特色，适时总结提炼出“中华自然第一砚”的定位，获得了文房四宝界众多砚评专家的一致认可与好评，这也是徐公砚能够一路获得大奖，并连续两次荣获“国之宝”证书的关键所在。从姚树信把徐公砚带出沂南县的山沟沟起，中国文房四宝艺术博览会上便新添了徐公砚这一新砚种。

在我的印象和记忆中，姚树信始终是协会里的一名活跃之士，他不仅积极参加协会组织的活动，而且对砚文化的传承、弘扬、谋新求变、创新发展起到了很好的助推作用。姚树信先后当选中国文房四宝协会第四届、第五届理事会副会长，他受协会委托多次主持中国文房四宝艺术博览会开幕式，受到轻工部领导好评。在庆祝改革开放 40 周年、中国文房四宝协会建会 30 周年活动中，姚树信被协会授予“特殊贡献奖”。鉴于他在中国文房四宝行业的知名度和声望，以及他为中国文房四宝行业做出的卓越贡献，协会第七届理事会特聘姚树信为协会高级顾问。在中国文房四宝界，姚树信的与众不同还在于他对砚文化的那份热爱。作为企业家，他对徐公砚最初的愿景是投资，也是扶贫，然而，深藏于骨地对砚文化的热爱，点燃了他对徐公砚的热情。砚是姚树信的珍爱，有着不可割舍的情结。他喜爱徐公砚、研究徐公砚、宣传徐公砚、推广徐公砚；他痴迷于徐公砚，从投资、开发、设计、雕刻，到提升、研究、传播，姚树信打通了徐公砚的整个产品文化链。浸润砚林28年，他持之以恒、全身心地致力于砚文化的学习、研究和探讨，撰写发表了一系列关于徐公砚的文章，其代表性论述《砚与中国传统文化》发表在中央党校内参刊物《领导科学》；在《经典艺术》《文房精粹》《中国传统文化》等书刊多次发表关于徐公砚的系列研究文章。从2000年开始，他将砚文化送进高等院校，并在南京大学开启了《砚与中国传统文化》高校巡回演讲，他的演讲先后走进南京艺术学院、南京林业大学、台北大学等多家高等院校。由此，姚树信在中国文房四宝界成为声名远播的砚文化大家。《人民日报》《人民政协报》等主流媒体，多达30余家报刊对其事迹进行了报道，有效地扩大了对于徐公砚以及砚文化的宣传。

姚树信本是久负盛名的“家具大王”，是一位成功的企业家，他投资开发徐公砚，是徐公砚的机遇，也是砚文化的幸运。其一，他有一定的经济基础，早年创业的成功为他奠定了投资开发徐公砚的资金实力。其二，受家庭的熏陶和影响，姚树信有深厚的书画功底；在高校的深造又奠定了他扎实的美学设计能力。其三，他还收集了大量的古今砚文献书籍，为借古开今，通古今砚文化之变，积累了宝贵资料，对徐公砚的设计制作和创新、艺术内涵的挖掘、自然天趣的保存起到了关键作用。由此，兖州砚宝斋之徐公砚走上了自然造化、美石精工，砚与诗、书、画、印融为一体的创新之路。

“一拳之石见岱岳，一勺之水显沧海。”徐公砚天然的砚型，有一种与生俱来的原始、古朴的美，具有极高的艺术价值和收藏价值。正如这部书的名字《砚林树信》一样，今天的徐公砚已经树起很高的信誉，受到了众多热爱砚文化的文化名流、艺术大家、收藏大家的欣赏和喜爱，让人爱不释手。曾任中国书协主席的启功先生、沈鹏先生都很赞赏徐公砚，并欣然为其题词。

如今，八十多岁的姚树信依然雄心不减当年，依旧奔波在传播弘扬砚文化的路上。他不仅坚持参加全国文房四宝艺术博览会和山东国际文化产业博览会，还远赴深圳参加了“第十五届中国（深圳）国际文化产业博览交易会”。醉心于徐公砚的姚树信，老骥伏枥，不忘初心，敢为砚林树信，亦乐为徐公砚鼓与呼！值此新书付梓之时，我谨书上语，是为序！

中国文房四宝协会第四、五、六届执行会长
中国文房四宝协会终身名誉会长

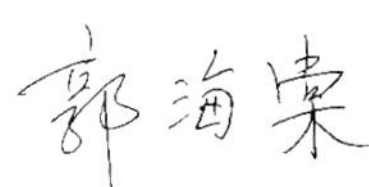

千年之约

徐晦，徐公砚，姚树信，记载着一个千年之约。

山东沂南青驼镇南十公里处的这片独具个性的山石，静待了数亿年的光阴，直到一千二百多年之前，终于等来了唐朝一位名徐晦的读书人。他从福建晋江的安海赴长安赶考，为寻找祖上因战乱南迁时的祖籍而在沂南逗留。祖籍寻见与否似乎无关紧要，倒是遇到的那块石头，让中国的砚史有了崭新的内容。点燃目光，仿佛石头是迎他而趋前。拾起便喜爱得不肯释手，叩之清响如磬，视之泽光星闪，抚之润腻侵肌。是电光石火般的灵感，让他精研细磨而成一方砚台。等到坐在考试场上，已经是隆冬时分，众考生大多砚墨冰结，唯徐晦砚墨如油，助笔有神，竟考得进士第一名。高中状元的同时，“徐公砚”也被天下闻知，从而有了一次开发与制作“徐公砚”的肇始期，并将自己的名号从此便刻在中国文化史上。当然，这方砚台也就成了徐晦生命的伴侣，晚年以礼部尚书退休之时，仍感念不已，扶杖再次寻到砚石的“出生地”，并命自己的长子举家迁至齐鲁大地的沂南青驼而成徐公店村。这是一个知道感恩并有着文化与历史眼光的知识者。

伴随着唐朝的衰落，曾经名噪一时的“徐公砚”也湮没在历史的烟埃中，以至宋人米芾的《砚史》，虽罗列二十三种中国砚系，竟然没有“徐公砚”的名字。

徐公石与徐公砚，却自信而又耐心地等待着，一等就是一千二百多个春秋。一九九四年八月，徐公石与徐公砚，终于等来了一个叫姚树信的人。作为全国赴革命老区扶贫团的一员，他避开热闹的场面与焦点项目，一下子便被冷藏了一千多年、至今只是小打小闹沉寂在民间的徐公砚所吸引。老区民众曾经的慷慨与当下的贫困，在他踏上沂蒙之日起，便在心里激起了层层波澜。这位在祖国改革开放大潮中因经营家具而致富的企业家，有着自己独到的风神，这便是爱心与文化，而徐公砚，正是他可以将爱心与文化凝在一起的最好选择。这个爱字，系着自己的内心，又系着社会的责任。对于文化、尤其是具体到砚与书法，姚树信的内心深处有着滚烫的热爱，也是姚家一代代根植下的家族基因。

与其说他生于一个仕宦之家，毋宁说更是一个书香门第。20 世纪四十年代，在他很小的时候母亲便给他讲孟子、司马光等先贤的故事，六岁更教他认字、背诗、写毛笔字；五十年代，即使家里生活已经非常艰难，母亲仍然想方设法给儿子买来当时有名的“李鼎和”毛笔、“金不换”黑墨和红方格宣纸。最让姚树信永远铭记的，是母亲拿出由曾祖代代相传的砚台，让儿子研墨习字。已经八十三岁的姚先生，说起曾祖，还是一往情深：“曾祖父 16 岁应征入伍，因智慧超人、英勇善战、百战百胜、关爱百姓，三十五岁擢升为江西南赣镇总兵。后奉旨在广西、云南与冯子材将军并肩抵御法军侵略，受到朝廷嘉奖，授从一品红顶戴花翎，提升为江西提督。曾祖父虽是一员武将，却爱砚如宝，有着深湛的文化，而这方砚也就一直伴他左右，跟随其南征北战。”砚石永寿，却也要成为民族历史的见证而一起经历无尽的苦难与蹉跎。抗日，内战，饥饿，逃难，就是在日本侵略者即将攻占家乡兖州的惊恐慌乱之时，逃难的父亲什么不带也要抢出这方砚台与两箱祖传的字画迁徙流转。等到两箱包括董其昌、郑板桥等名家字画付之一炬而祖传宝砚也碎于运动之中时，已经到了六十年代。

那方碎了的祖传宝砚，却仍然深藏在他的那颗有了裂璺却并没有碎的心上。他谦卑却又顽强地等待着时世的向好，而且就在阳光初见的时候，早早地爆发出生命的锐气与创造的力量，也让那份爱融入阳光奉献给社会。助教，助学，做公益，并终于等来了与徐公砚结缘的日子。获利，留名，当然是姚树信无可回避也无需讳言的需要。但在他看来，还有比获利与留名更为重要的东西，这便是扎扎实实地做几件能够长久惠益于社会与众生的事情，而且要让自己的爱与文化融入其间。于是，开发、重塑、宣传、推介徐公砚，便成了他二十八年来生命的主旋律，而他厚重的文化素养与超然的设计天赋更为徐公砚的崛起提供了保障。

二十八年来，一块一块的石头从地下开采出来，从沉睡中醒来，在姚树信的眼前心上展现其各具个性的模样与内涵；二十八年来，一方一方的砚台，跳动着生命的脉搏，诞生并走进殿堂与民间；二十八年来，姚树信已从人生的秋天走进人生的冬季，可他却让五万方各具瑰丽生命的砚台面世并温暖这个炎凉的人间。

这是中国独特的砚石，不用分割，只是根据各自的形貌脾性，再赋之以历史与文化甚至当下与未来的梦幻，而成就其自然而又人文的生命。可以说，这是中国砚史上唯一最具自然形态的砚石。形状的千奇百异，尤其他边沿纹路的千变万化，全是自然天成、鬼斧神工，更让徐公砚方方跃动着大自然的灵魂。石质的坚实细密与油润微馨，更令墨、纸、笔、手多了许多的眷恋与顾惜。还有颜色的众富，嫩黄、绀青、橘红、蟹盖青、鳝鱼黄、沉绿、茶叶末、生褐……可谓五彩斑斓，让人赏心悦目。

姚树信先生更晓得，再是精品，“藏在深闺”仍会被时间湮没，况且处在毛笔书写已经退出主流的当下——于是在开采与创制的同时，他又走过了宣传与推介徐公砚的十万里长征。走南闯北，奔走天下，他将徐公砚带到各种砚展与文博的场合，并一点点积聚并获得与各种名砚既分庭抗礼又相得益彰的地位。谦和的姚树信，眼看着徐公砚有了自己的天下并盎然着内外兼备的美与文气豪气，他也便获得了人间的幸福。

与姚树信先生结识当有三十五六个年头了。其后各自忙碌，加上我频繁的美国之行，中断联系也有了二十年之久。他与我在这二十年中，都会有时想起对方，只是上个月的一天，突然就接通了电话，好似闸闭了二十年的水流，一下子奔涌起来，当然还有泪水汇入其中。他来见我，话稠如雨；我去见他，送上一束康乃馨。尤其让我欣喜的，是我见到了他的一部即将由西泠印社出版的《砚林树信》书稿，抚翻阅读，更是感慨系之。真是天道酬勤又酬善，在他创业与砚石事业的人生旅途中，都得到贤内助的倾力相助，并最终成就了重塑徐公砚的重大贡献。文房四宝必然是中国文化的一个重要组成部分，而砚文化又是文房四宝的重要支柱之一，能够在中国砚文化史上因徐公砚的重塑与重见天日而留下浓墨重彩的一笔，此生当可无憾了。

祝贺《砚林树信》一书的出版！祝福树信仁兄老树新花，与徐公砚相伴，享受夕阳并为这片土地投下温馨而又新亮的晚辉。

山东省散文学会副会长 李木生

一心不息　精诚致远

1996年11月，中国文房四宝协会组织赴日文化交流考察。在此次活动中，我认识了姚树信先生，他给我以热情、儒雅、谦和的印象。之前，我对徐公砚这一砚种知之甚少，和姚先生结识后，听他讲述了有关徐公砚的故事，方才了解了徐公砚的艺术特点和文化内涵。在日本考察期间，我向日本客商推荐了徐公砚，他们对其自然天成、古朴典雅的徐公砚深感兴趣、赞赏不已。因为我和姚先生对砚文化有着共同的热爱和对砚的艺术创新有着执着的追求，从而建立了深厚的友谊。

1998年中国文房四宝协会举办了第二届名师名砚精品大赛，我作为评委，发现姚树信先生送展的参选作品——徐公砚，石纹纵横、层层有致，或断崖峭壁、或叠嶂成岩，有沂蒙之风骨、留怀古之幽情，我和其他评委对这独特的徐公砚所震撼，一致同意评为金奖。

姚先生将诗、书、画、印等艺术与徐公砚雕刻融为一体，形成了铭文砚、石函砚、残碑砚、天成砚等创新系列，在全国名砚鉴评中多次获奖，两次荣获"国之宝"证书。

2000年在黄山举办的第四届中国文房四宝协会第四届理事会上，姚树信先生以他在协会中作出的突出成绩被选为协会副会长。因为其在砚文化发展和创新中作出的突出事迹，2006年再次当选第五届中国文房四宝协会副会长。

姚先生在砚文化艺术领域作出了诸多突出事迹，我印象最深的是：其一，2000年应南京大学邀请，姚先生在南京大学艺术中心向千余名南大学生作了《砚与中国传统文化》的专题讲座，《新华日报》、《扬子晚报》等新闻媒体分别作了报道，开创了传统文化界企业家登上著名高校大学讲坛，为大学生开讲砚文化的先河。其二，2011年12月姚先生撰写的《砚与中国传统文化》一文刊发在由中共中央党校管理科学研究中心主办，供省部级以上领导参阅的《领导科学》（内参）上，是近年来砚界发表文章层次最高的刊物。其三，2015年3月参加博鳌亚洲论坛，姚先生在会上做了中国传统文化的专题报告，是国内首次砚文化在国际文化论坛发声。其四，四十多位书法艺术界顶峰人物对徐公砚从不同的艺术角度进行了题赞，增加了徐公砚在砚界的影响。

孟子曰："诚者，天之道也；思诚者，人之道也。"诚是天赋予人的本性；追求诚，是做人的根本准则。言为心声，姚先生正是用他发至内心的真诚，去述说自己与徐公砚的故事，让听者为之动容，为之感染，再去看徐公砚时，更能用心去感受到徐公砚所蕴含的历史文化内涵。至诚者无息，在成绩和荣誉面前，我们看到的仍然是一个谦和、勤奋的艺术大家。

开发徐公砚28年来，姚先生将传统文化注入砚石，使积蕴天然的徐公砚达到了天人合一的艺术境界；他一心不息，不辞劳苦地弘扬砚文化，以一己之力感召社会各界人士。其对徐公砚的全心投入，正是不忘初心、砥砺前行、精诚致远的最好例证！

在《砚林树信》付梓之际，作为砚林同道，谨以此表示祝贺！

亚太地区手工艺大师
中国工艺美术大师
正高级工艺美术师

天趣人意　砚林树信

华夏广袤，疆域辽阔。砚种累累，名称多多。惟泰沂山岭徐公砚天趣拙朴，地馈大美。相传唐代举子徐晦隆冬殿试途经此地，捡取路边拙朴石块作砚，得惠墨濡天寒不凝及第入仕，官至礼部尚书，佳话流芳。时值公元一千九百九十四年金秋，兖州姚树信怀揣仕宦家风，跻身山东省民营企业家沂蒙革命老区扶贫考察，与徐公砚石不期邂逅，顿将自幼挚爱墨砚的痴情涌动，毫不犹豫将复兴徐公砚文化的扶贫项目选中。

由此上溯战国时期《邹忌讽齐王纳谏》的典故，曾深刻揭示世间“私、畏、欲”之心；而姚树信从心所向，毅然选择传承千年文脉的徐公砚文化项目，真正显示出坦荡坦诚的君子之心，无私无畏的仁者之心。

《砚林树信》著作由西泠印社出版社付梓，将姚树信先生 28 年复兴徐公砚文化的历程、弘扬徐公砚文化的业绩，以画卷式系统展示，功德使然。

天赐地馈泰沂山岭的块块天姿拙朴顽石，感谢唐代徐晦殿试途经桑梓故土省亲的际遇，使得华夏唯一天然姿态的徐公砚种惊现世间；感谢姚树信与徐晦的千年砚遇，使得走出泰沂深山，博览于北京中国美术馆，扬名于南京大学杏坛，交流于香港台湾盛会……在砚石处处，砚种数十的齐鲁故地，徐公砚跟随姚树信的 28 年，赢得赞誉扑面，奖牌闪烁的风采。

这部关于徐公砚的《砚林树信》专著，由姚树信先生著述，刊注“姚树信与徐公砚”字款。自己著述自己的著作古来有之，然而必须具有胆量支撑，公信支持。

姚树信先生所在的兖州是孔孟之乡，儒学之源。儒学五常之纲“仁、义、礼、智、信”，是社会上每个独立存在的人必须具备的品格和德行。尤其是儒学五常中的“信”，是做人之本、兴业之要、治世之道，是中华民族的价值标准和基本美德。姚树信《砚林树信》，一诺千金，胸怀若谷，底气充盈：一方方天赐地馈的砚台，一枚枚璀璨闪亮的奖牌，一幅幅言辞溢美的题词和一篇篇字甄句酌的评论，都有因源出处，都有图像佐证，都是姚树信不负徐公砚文化复兴承诺的强大胆气支撑，社会公信力支持的铮铮佐证。

东汉·班固《汉书·河间献王传》云：“河间献王德以孝景前二年立，修学好古，实事求是。”后世据此典故引申出“实事求是”成语真谛的诠释——只有遵循实事求是的规律性，一步一个脚印前行，真实的美好才会向你展现。《砚林树信》正是作者“修学好古，实事求是”的践行。

诗赞：

华夏独此天然砚，徐晦殿试始开端。千古遥遥得邂逅，树信铮铮徐公篇。

美哉徐公精气神，伟哉树信天地鉴。修学好古真善美，潜移默化人世间。

中国文房四宝文化学者活动家
当 代 砚 台 集 大 成 者
《四宝精粹》《砚叔》编著　（沉石）

目　录

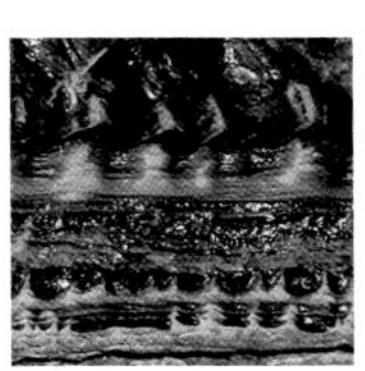

一、砚与中国传统文化

28 年，姚树信一直在行动，投资开发徐公砚是一种行动，游说巡讲徐公砚亦是一种行动。

28 年里，姚树信不仅撰写发表了许多有关徐公砚的文章，更重要的是他深入走进了砚文化的世界，把“说砚”变成了一个孜孜以求的梦想，一段锲而不舍的实践，一项实实在在的行动。这一行动正是其端直其心、敦崇气节的一种自觉追求。

28 年，姚树信与徐公砚，一直且行且说。

——编者

砚与中国传统文化

中国砚文化博大精深，所谓“古砚如海”是也。

回溯历史，砚无疑是中国传统文化的一个承载，一个积淀，一个缩影。砚作为我们华夏民族特有的书写绘画辅助工具，绵延五六千年，在人类社会的历史长河中，是一种独特的文化现象，蕴含着极其丰富的历史文化内涵，浓缩了中华民族的无穷智慧。作为文人案头的风景，砚更是集万千美妙于一身，呈现出一种与生俱来的原始古朴美。

一、砚的历史文化内涵

“传万世而不朽，历万劫而如常，留千古而永存。”在我国历史中，砚为社会发展和文化传播做出了特殊贡献，它自身也在这一过程中发展成为一种文化载体。砚本是磨墨的工具，与文字同兴，由于广泛应用而演变发展。中国古代的各个历史时期，各地对砚的制作都有不同的审美要求，因此砚有丰富的历史内涵和艺术风格，并日臻完美，最终形成中国传统文化中一个非常独特的艺术品类。

从传世砚品和考古发掘资料中，我们得以看到，在我国仰韶文化初期，就有了研磨用的石头，汉晋时代出现的陶砚、青瓷砚掀开了砚文化发展的序幕。到了唐宋年间，砚已进入成熟期，端砚、歙砚、洮砚、徐公砚开始流行。明清时期，则是砚的繁荣期。在此基础上，砚的形体和纹饰也便朝着美化的方向发展，由原始的简单、实用，逐步演变成工艺精湛、雕刻细腻，成为集观赏、收藏、实用于一体的工艺品。

在我国历史上，流传着不少文人雅士、达官贵人、帝王将相将心仪的好砚视为珍宝的故事。南唐后主李煜把喜欢的砚台放在案头床边，终日相伴把玩，封砚工李少微为“砚务官”，专门执掌朝廷用砚。清代康熙皇帝则禁止民间开采清王室发祥地吉林的松花石，专门由官方制作松花砚，用来奖赐有功之臣。

在封建社会，砚还是身份权势和正义的象征。如京剧“铡美案”，包公出场，两边站着王朝、马汉，王朝托印象征的是皇权，马汉托砚则用来表达包公的公断。

1994 年，全国首届名砚大展在中国美术馆举行，除了古砚、现代名砚，专柜中还陈列着十多方名人砚，有毛泽东、周恩来等开国元勋用过的砚台。联想到毛主席就是用这方貌不惊人的砚台写出了决定中华民族命运的战略名著和脍炙人口的《沁园春·雪》《长征》等诗词。观其砚，不禁流连忘返、感慨万千。一代伟人用过的砚台，它们承载着不同的使命却完成了共同的历史文化传承，而被珍藏于故宫博物院，供世人欣赏。细观巴金、茅盾、老舍等大作家用过的砚台，联想他们就是用这方砚台，写出了各自不朽巨著，真是令人肃然起敬。

中国人自古以来对砚台就有收藏、传世的传统。砚虽然在“笔、墨、纸、砚”的排次中位居殿军，但从某一方面来说，却居领衔地位，所谓“四宝”砚为首，这是由于它质地坚实、能传之百代的缘故。既然可为传世之物，必有其价值，进一步了解研究就会发现砚文化的无穷乐趣。古人云：“以铜为镜，可以正衣冠；以史为镜，可以知兴替；以人为镜，可以明得失。”我则认为以砚为镜，可以悟人生。

千百年来，我们的前人均用毛笔写字，进行文化学习和交流。在封建社会里，通过科举考试，以文取士，要想进入仕途，就要从小读书习字。因而无论是文人雅士，还是凡夫俗子，均与砚有着亲密接触，不少人还对砚倍加珍爱。只是到了硬笔和墨汁出现之后，砚的使用才日渐式微。现在，在我国大众生活中，砚已逐步退居次要地位，只在一些特定范围内有所应用，但作为一种特殊文化，砚仍不失其夺目光彩。

随着科技的进步和社会的发展，对于学习和交流，别说用毛笔写字，如今连用钢笔都越来越少了，直接在电脑上打字，更加快捷方便。有人问我，现在即使写毛笔字，用墨汁也用不着磨墨了，不用砚台，用盘子不也可以吗？我对他说：用毛笔写书法，在砚堂中研磨，可陶冶情操，磨炼性格，静心安神，调节身心平衡，“金石长不朽，书画自延年”，自含有磨墨写字、强身健体的哲理。现在也有不少书法家仍然坚持磨墨写字，因为研磨出来的墨液灵润活泼，墨色鲜艳，有透明感，浓淡得手，行笔从容，有助于毛笔的发挥，可以得到满意的艺术效果，而直接蘸墨汁书写毛笔字就不会有这种感觉。另外，一个盘子和一方砚台放在书案上的感觉和品位是一样的吗？我们应该看到随着社会文化水平的不断上升和生活水平的大幅提高，喜欢收藏的人越来越多了，有的连石头都收藏，何况品位更高的砚台呢？有些人甚至“终日相伴唯石砚，一生可乐莫如石”，把赏砚和藏砚作为个人最大的精神享受。因为砚有珠宝之贵，又有琴棋书画之雅，它集历史、艺术、雕刻、实用、欣赏、收藏于一身，独具民族风格和艺术魅力，无愧为华夏艺术殿堂中一朵绚丽夺目的艺术奇葩。

1996年，我随中国文房四宝协会赴日考察团，在日本东京、大阪、神户、名古屋等八大城市进行考察访问，发现工业和科技发达的日本，文房四宝店比中国还多、还大。翻译介绍说：在日本有一定的人群在练习书法，并热爱中国的文房四宝。他们商店里摆满了从中国进口的笔墨纸砚，一方上乘的砚台价格不菲。何况我们有数千年文化底蕴的中国，又有政府对文化的重视，在我们山东不就提出了不但要建设工业强省，还要建设文化大省吗！作为被列入中国非物质文化遗产的文房四宝，政府给予了多方面的扶持和鼓励。因在开发徐公砚上做出的微小成绩，我当选为第八届山东省政协委员、第十届兖州市政协副主席。2009年7月，在人民大会堂召开的华商公益颁奖仪式上又荣获了“中国最具社会责任感企业家”。2009年8月，被中国民营企业家协会和中国民族文化发展工委授予“促进中国传统文化建设先进个人”称号。

砚石聚集了天地之灵气，吸纳日月之精华，可以说，山无石不奇，水无石不清，国无石不秀，厅无石不美，斋无砚不雅，案无砚不精。砚无量寿，可与世共存，它是无言之师，不朽之画，无声之歌，是掌中山河，案上乾坤，以小见大，以静示动。所以说现在砚台的收藏、观赏价值远远超出了它的实用价值。

1997年5月，我应邀到广东肇庆端砚厂参观考察，看到一方长约两米，宽一米的巨型龙砚，其立意高雅，精工繁猗，大气磅礴，可谓鬼斧神工。此砚便出自中国文房四宝协会副会长、制砚大师黎铿之手。黎大师说这是受广东省政府委托制作，为香港回归赠予香港特区政府的礼品。

对砚的鉴赏还要因人而异。一方砚有人视而不见，见而不赏，赏而不知其趣。有人却慧眼识宝，还能点石成金。砚石可谓称奇，砚石因人而奇，人发现了砚石之奇，奇就是悟，赏砚乃是培养人对真善美的悟性。

我每年都参加在全国各地举办的文房四宝艺博会、文化博览会，接触了诸多砚的爱好者和收藏者。2002年在西安举办的文房四宝艺术博览会上，一位年逾古稀坐在轮椅上的老者，专心致志地观赏我展示的徐公砚，最后把目光锁定在一方不大的石函砚上，反复推敲琢磨，最后确定购买。我问老先生为何选中这方砚台，老者说，这砚虽是现代制作，可是你这砚的形状和边痕是经过亿万年地下水蚀冲刷的遗留痕迹，这种自然天成的砚台实是罕见。其子对我说，老父一生爱砚、藏砚，家里收藏的砚台几十种，其砚形皆是人工加工而成，或圆、或方，唯独没有这种奇特的天然造型，老父看中了，就随他的心愿吧！其老者的爱砚之心和其子的孝心均令在场的人感慨不已……

我在北京皇史宬举办徐公砚展出时，一方作为镇厂之宝的绝品，被民政部崔乃夫部长看中，我不肯出手，问崔部长何以在展出的百方砚台中单选这方不售之砚，崔部长反问因何不售。我说：“这方砚台的自然外形是回头鹅状，最为惊奇之处是在鹅头的鹅眼部位，有一黄色石质圆点，给这方回头鹅砚增加了灵气。”崔部长说：“我之所以欣赏这块砚台，就是这方砚的造型和灵气。”

2008年，举世瞩目的奥运会在北京举行，隆重、热烈、宏大、史诗般的开幕式，给世人留下了美好的印象。开幕式上首先亮相的就是中国的宣纸、毛笔、徽墨和砚台，紧接着以舞蹈表现了中国书法的豪气和中国绘画的壮观，也向世界展示了中华文化的博大与辉煌。由此，我们可以看出文房四宝最能代表中国传统文化，也是中华文明的精髓所在。

2022年5月27日，习主席在中共中央政治局会议上提到："中华优秀传统文化是中华文明的智慧结晶和精华所在，是中华民族的根和魂，是我们在世界文化激荡中站稳脚跟的根基。"进入新时代，中国梦呼唤着中华民族的伟大复兴，这给世传千年的文房四宝行业大展宏图带来无限生机。对于传统文房四宝文化，唯有创造性转化和创新性发展，才能使其以更加年轻、更加时尚、更加亲和的姿态融入现代生活，植根人们心底。现在不少师范大学已经开辟了书法专业，全国各地的书法绘画班如雨后春笋，众多青少年学生踊跃参加学习，这充分体现了政府和我国一定人群对传统文化的关注和重视。

二、今生有砚缘　逐梦到沂南

我之所以热衷于砚文化的研究和徐公砚的开发，主要是源于少年时候与砚的结缘。

我生于兖州一个诗书仕宦之家，六岁时，母亲教我写字、背诗。小学三年级时，学校开设书法课，每周一节，老师教我们练习正楷。母亲经常给我讲孟子、司马光等古代名家幼年勤学苦读和孙敬头悬梁、苏秦锥刺股的故事。教育我要做国家栋梁之材，要从小多学知识，要练好毛笔字。母亲还说练字要持之以恒，即使三九寒冬和三伏酷夏，也不能中断，才能把字练好。在20世纪50年代，生活非常困难的情况下，为了鼓励我写毛笔字，母亲竟给我买了当时有名的"李鼎和"毛笔、"金不换"黑墨和红方格宣纸，并拿出祖传的砚台让我研墨写字。母亲告诉我这是曾祖父用过的砚台，并讲了有关的故事：曾祖父16岁应征入伍，因智慧超人、英勇善战、百战百胜、关爱百姓，三十五岁擢升为江西南赣镇总兵。后奉旨在广西、云南与冯子材将军并肩抵御法军侵略，受到朝廷嘉奖，授从一品红顶戴花翎，提升为江西提督。曾祖父虽是一员武将，却爱砚如宝，这方砚一直伴他左右，跟随其南征北战。母亲还对我说：这方砚台历经坎坷与磨难，在日本鬼子侵略中国，打到兖州前夕，父亲逃难到曲阜，没带家中任何物品，唯将祖传的这方砚台和祖辈留下来的两箱字画，用毛驴驮到曲阜亲戚家中，直到日本鬼子投降后，才运回兖州。母亲常常激励我要以曾祖父坚韧不拔的精神，把字练好。母亲的教诲使我对写毛笔字产生了浓厚兴趣，每天与这文房四宝亲密接触，尤其对这方用红木盒装的祖传砚台更加珍爱，与它结下了不解之缘。然而，不幸的是在"十年动乱"早期，和我日夜相伴十多年的这方砚台，又遇到不测之祸，在破"四旧"中遭到损坏。还有那两箱珍贵的董其昌、郑板桥等名家字画，也被付之一炬。之后，为解决生活温饱而奋力拼搏的我，就中断了与砚的这段情缘。

党的十一届三中全会后，我按照党的发展个体私营经济的政策，白手起家，艰苦创业，自建了新艺家具厂。后来，又建立了新艺装饰广告公司。由于我诚信待人、诚信办企业，很快在社会上树立了信誉，企业也得到了进一步的发展。1993年，我创办的企业荣获了山东省人民政府授予的"文明私营企业"称号。1994年，又荣获山东省工商联颁发的省"优秀民营企业"奖牌。

1994年8月，山东省委组织全省民营企业家到沂蒙革命老区进行扶贫考察，以推动我省光彩扶贫事业的开展。当时我作为济宁市民营企业家代表参加了这一活动。在沂南考察时，我在需要投资开发的众多项目中，发现了亟待开发的传统文化产品——徐公砚，同时听到了关于徐公砚的美好传说。相传唐代有一举子徐晦，进京应试，路经沂地，在路旁偶遇一奇形石片，因爱其形色，试磨成砚。长安应试时，正天寒地冻，众举子砚墨凝冰不得书，唯徐晦砚墨如油。徐晦以得不凝之砚为天助，满腹经纶，跃然纸上。主考官杨凭阅卷后大为赏识，极力推荐，徐晦进士及第，后官至礼部尚书。七十休官，因不忘得砚之恩，遂定居于得砚之地。此地后来易名徐公店，用此地砚石做砚，故名徐公砚。

天地之大，而产石能做砚者不过数十种。自唐代开始流行石砚起，端砚、歙砚、洮砚和红丝砚，便成为享誉天下的四大名砚。产自山东的红丝砚出于沂源，而徐公砚则出于沂南，古时两地统称沂地，在当时均是文人墨客推崇的名砚，也是盛极一时。然而到了宋代，因其地理过于偏僻，交通不便，加之砚石蕴藏地下深处，开采十分不便，所以少见成砚，因此日渐衰微。此时，澄泥砚逐渐红火起来，顶替红丝砚和徐公砚，擢升进入为四大名砚行列。此后，徐公砚深藏地下、销声匿迹达千年之久。1978 年，当地村民在田间耕作中发现了历史上传说的徐公石，开始了小量生产。由于开采难度大，制作设备简陋，少人问津。在缺少资金、缺少市场的情况下，要想开发徐公砚就需要加大投资力度。当时，我正在沂南考察，看到了这久违的砚台，石纹是那样的优美，石质又那样的细腻，少年时期与砚的亲近之情油然而生，因此在老区众多需要投资的项目中，我毅然选择了开发徐公砚这个项目。

1994 年 8 月，我与沂南县政府签订了联合开发徐公砚的协议后，加大开发力度，聚集制砚技艺人才，提升设计水平，精心雕琢精品。紧接着，我便带着新生产的徐公砚，进京参加了在中国美术馆举办的首届全国名砚大展。在全国名砚评奖中，徐公砚艳压群芳，一举夺魁，荣获金奖。沂南县政府王县长闻讯赴京，亲自上台领奖。回到沂南后，沂南县政府为表彰我在徐公砚的开发、推广中做出的显著成绩，专门组团到兖州市委、市政府致谢，向兖州市政府和我赠送了锦旗，并举办了隆重的赠旗仪式。

弹指一挥间，从开发徐公砚至今已历经 28 个春秋。28 年来，我致力于砚文化的研究和徐公砚艺术内涵的提升，携徐公砚参加全国砚展，荣获“94 首届全国名砚博览会金奖”、两次荣获“国之宝”证书、先后荣获了中国文房四宝名师名砚精品大赛金奖、2011 年荣获“鲁砚创新艺术展特等奖”、2014 年荣获中国国际传统工艺博览会“中国传统工艺特殊贡献奖”、2019 年被中国文房四宝协会授予“特殊贡献奖”，并被聘为中国文房四宝协会高级专家顾问、2020 年荣获“影响百年 . 中法艺术终身成就奖”，进一步扩大了徐公砚的知名度，为徐公砚赢得了荣誉，在全国砚林中独树一帜。

三、浸润砚林中　心系传与承

2000 年 10 月，我应邀在南京大学讲“砚文化”的消息在南大信息网和校内信息栏公告后，引起了众多砚台收藏者、爱好者的关注。18 日下午，南京大学艺术中心张主任对我说：

"有三位砚台收藏者慕名而来，带了几方砚台，想请您给予鉴评一下。"以我多年对砚文化的研究及对本行业各名砚厂家的互访和考察，以及每年文房四宝艺博会上对各种砚品的石色、石纹、雕刻技法的对比观察，自认为有把握胜任，于是欣然应允。

张主任将我带入接待室，室内坐着三位先生。我们相互寒暄后，龚先生从木箱内取出三方砚台放在铺了毡的桌面上，站在一旁，一声不响地看我如何鉴评。我运用了"看""摸""敲""掂"等方法对这三方砚进行了仔细观察。

第一方砚台呈黄棕色，雕的是残竹图。我对此砚掂了掂，发现质地较轻，用手指敲了敲，发出噗噗声，无余韵，石声滞钝发闷，摸之手感温而柔。因此我认为它不是石砚，而像澄泥砚。从其雕刻上看，雕工精湛、造型美观，完全符合"苏派"的雕砚风格。我果断地对龚先生说："此砚是苏州澄泥砚，其砚材取自苏州灵岩山蠖村石。此石是一种与人工澄泥砚不相伯仲的天然石，它是火山灰经过几亿年的挤压变质而成的澄泥石。此石质松如泥，易吸水，下墨不爽。为此，明清年间称此砚为澄泥砚。"

另外两方砚台，石色皆是绿色。呈绿色的砚台，在国内有广东的绿端、甘肃的洮砚和吉林的松花砚。我就从这两方砚台的石纹、石色和雕刻上分析，很快指出第二方砚台是一方洮砚，另一方则是松花砚。他向我投来疑惑的目光。我对他说："这两方砚台虽都是绿色，但是这方洮砚，石色呈深绿色，是洮砚中典型的鸭头绿；而松花砚，石色为淡绿。这方洮砚呈长方形，砚额部位雕刻的是'喜鹊闹梅图'，采用透雕技法。整个图案与砚面悬空，砚堂上面配砚盖，砚盖面上采用浅浮雕，刻的是鸳鸯戏水图。从这方砚的雕刻技法和雕刻图案来看均是洮砚的特点。所以我鉴定这方砚台是产于甘肃临洮的洮砚。"我接着说："洮石又分在洮河河床下开采和在山岭根部取石。因洮河河水湍激，开采难度很大，可是河底下开采出来的砚石温润，细腻如玉，纹饰优美。从山岭中取石，石质较差。你这方洮砚，石色雅丽，碧绿诱人，呵气成珠，雕工细腻。可以说你这方砚是产于洮河河底的一方洮砚上品。而这另一方砚的石色也呈绿色，但相对较淡，从敲砚的声音来看，清脆有金属声，硬度明显大于洮砚。通常洮砚的硬度为 4 度、松花砚的硬度为 5.5 度。所以我认为这方砚应是产于吉林长白山下的松花砚。"龚先生点头示意，让我再讲讲这方砚的收藏价值。我说："松花砚石的产地是清朝祖先的发祥地，长期以来，一直被封禁，禁止庶民进入。据说，皇帝御用砚一直有专司衙门派专人开采，秘密装车，押送京城，在皇宫内由雕砚高手制作而成，其珍贵程度，可想而知。清朝的松花砚传世极少，你这方松花砚式样古朴，砚面上还沾有朱墨痕迹，很可能是清廷大臣朱批之故。所以我判断这是一方产于晚清年间富有珍藏价值的松花砚。"龚先生佩服地对我说："这方砚台原是河南巡抚李鹤年受光绪皇帝奖赐之物，因其后裔有病急用钱，我花一万元购得。"他握着我的手说："姚先生鉴赏眼力确实不凡。"

张先生从他的纸箱里取出了两方砚台，放在桌上，让我鉴评。放在前面的是一方双龙戏珠砚，雕艺巧夺天工，用天然石眼作双龙眼珠，为此砚增添了灵气。因为端砚多有石眼，刚开始我误认为它是一方端砚。但我仔细观察，其石眼是浅绿色，而端砚上的石眼多是米黄色或黄白色。从这方砚台的石色和纹理来看，在黑色的砚面上，白晕纵横，细如竹丝，似水非水，纯洁自然，符合苴却砚特点。为此，我对张先生说："这方砚很像端砚，其实是一方产于四川攀枝花的苴却砚。"张先生请我进一步解说，我对他解释："此砚在清同治年间，在当时的苴却县（今攀枝花市）生产，故叫苴却砚。1909 年，云南大姚县知府宋光枢，带此砚赴巴拿马国际博览会，一举获誉。后因艺人作古，开掘艰难，此砚便销声匿迹了。1984 年，当地成立苴却砚厂恢复生产，但砚工远远比不上你这方砚的水平。看来，你这苴却砚是晚清时代作品，有收藏价值。"接着，我又细观他拿来的第二方砚台，雕工古朴简洁，色呈黄褐，用手摸之，光滑细腻，呵气成晕，扣之金声，掂之如石。我对张先生说："这是一方产于山西绛州的澄泥砚。"张先生问我何以见得？我说："山西绛州产的澄泥砚，是取自汾河河泥做原料，淘洗后用绢袋盛起，再将袋口扎紧，抛入河中，继续受到河水冲刷，如此二三年以后，绢袋中的泥越来越细，然后成型入窑烧制，再雕成砚台。因为汾河河泥中含有铁、铜、镁、砷等多种元素，再加黄丹配方，烧制的澄泥砚，就会出现优美的纹理。澄泥砚在唐代就被誉为四大名砚之一，制作工艺非常考究。你这方澄泥砚，质细而不滑，坚而不燥，抚之如童肤，可以说是一方上乘的澄泥砚。目前市场上有些人急于求利，采用普通泥土，用模具扣出砚的造型花纹，然后入窑烧制，烧制完毕，涂色染黑，再用蜡煮。这种砚看上去黑亮，但不耐用，绝不能与绛州澄泥砚的质量相媲美。"张先生对我的鉴评很满意，然后交换名片，此人乃南京市收藏家协会常务理事。我想他肯定是行家里手，很可能是来试试我的鉴评能力的。我笑着对他说："本人才疏学浅，一知半解，多有谬误，请予指正。"

第三位来者，花白胡子半尺有余，眼睛炯炯有神，上衣是对襟盘扣衫，下穿黑色肥长裤。可以看出他是位识广博学之士。他谦和地说："今带来两方砚台请予赐教。"然后不慌不忙地从布袋的锦盒中取出一方直径约 13 厘米的瓷砚。四周是半圆鼓型，表层有青花图案，中间没涂瓷釉。幸好我研读过《砚史》，砚史上说东晋南北朝时，以瓷土为胎，然后在表层涂以瓷釉，焙烧成青蓝色，有的绘制青花花纹，称青瓷砚，用来研墨写字之用。到了唐代，端石、歙石、洮河石、红丝石、徐公石用来做砚。石砚流行后，青瓷砚的生产就逐渐萎缩，直至消失。我又对这一方瓷砚细观，其青花瓷釉，已无光晕，又多处存在小块损伤，可以看出它是一方历经沧桑、年岁已久的古砚。我对老先生说："这方砚是一千五百年前南北朝时期的青瓷砚，可能是出土而得。"老先生点头称是，露出赞许的笑容。

老先生又从布袋中，小心翼翼地拿出一个木盒放在桌上，掀开盒盖露出盒内的砚台，我近前一看，多层墨迹掩盖了砚面，不便观察该砚的石色和纹理。于是我征求长者意见，是否可用清水冲洗。老先生示意应允，取清水拭之，露出了此砚真面目。我细观其石色、纹理、雕工和砚饰以后，对老先生说："这是一方采于广东端州（今肇庆市）的端砚，石色白润，微有青花如细水流云，砚台四旁有火捺纹饰，这些特点充分显示，它是出自老坑端砚中最佳的品种。"观其砚盒，油漆脱落殆尽，露出红木残旧本色，可见此砚来历已久。砚盒内侧的黑色推光漆却光亮依旧，因为当时工匠唯恐研墨用水流入砚盒。为防砚盒变形，就特别注重砚盒里面的油漆。为此，我鉴定这是一方距今200多年前清代中早期的端砚。老者从砚盒中取出砚台，露出砚背上的砚铭，刻有大清乾隆十八年（1753）字样。三位来访者和在场观看评砚的师生为我准确果断地鉴评鼓起了热烈的掌声。

讲座开讲的时间已到，我与三位砚藏者握手道别，走出接待室，从容地登上了南京大学艺术中心的讲坛，开始了《砚与中国传统文化》的讲演……

2000年8月，中国文房四宝协会四届一次会议在黄山市召开。会议期间，专门安排参观考察了泾县的红星宣纸厂、黄山市的徽墨厂和屯溪老街的文房四宝店。屯溪老街多是明清时期的建筑，其门面的雕梁画栋精致古朴，令游客叹为观止。即使是新建门面，也是仿造古式建筑风格。屯溪老街的歙砚早已闻名遐迩，在老街生产经营歙砚的店铺近100家。较大的有“三百砚斋”“集雅斋”“徽歙宝斋”等名店。江少华兄弟与日本友人渡边寒鸥先生联合开办的“华鸥宝斋”，是屯溪老街最大的砚文化公司。各砚斋内我国的传统民族文化产品应有尽有，歙砚精品琳琅满目，有的店斋还陈设着竹雕、根雕、古玩玉器。进店如入浩瀚的艺术殿堂，通过实地参观交流，进一步了解了歙砚文化和一些鲜为人知的故事。

歙砚因产于古歙州而得名，歙砚石坑分布在秀丽的黄山和白际山脉之间，皖南的歙州、黟县、婺源境内。歙砚始于唐开元年间。因石纹、石色的特点，歙砚又分为金星砚、罗文砚、龙尾砚等。因石质细腻，纹理华丽，涩不留笔，滑不拒墨，为当时四大名砚之一。

南唐后主李煜喜爱收藏奇石名砚，其中就有歙砚“三十六峰砚”。据《砚史》记载：“三十六峰砚”奇峰竞拔，沟壑奇绝，层峦叠嶂，明暗相间，砚堂中的石纹有的似白云飘逸，又似山川巍峨。这方砚成了李煜心爱之物，朝夕相伴相乐，其兴趣暮年不衰。后被北宋大书法家米芾重金购得，如痴如醉，甚至跪拜，与砚台称兄道弟，视砚为神灵。传说李煜还有一方奇特的歙砚，色如青绿，细润如玉。砚池中还有一个黄色的石弹丸，一年四季聚水不涸。李煜爱不释手，每日自娱。宋太宗开宝八年（975）攻打江宁（南唐国都），李煜被俘到汴京（今开封，北宋国都）。他不持他物，仅带此砚。

在宋代，歙砚以“金星”为贵，因为砚面上金星、金晕，金光灿灿，艳丽华贵，历代文人墨客均爱之如宝。我们在屯溪老街“三百砚斋”参观时，斋主周小村拿出一方镇斋之宝“金星砚”。在砚堂里有无数金星，如天空飘洒而下的金星雨，背面的云雾状金晕由雕砚师刻成一株层次分明、光彩夺目的金牡丹，观者看了无不称奇。我们在“圣砾斋”看到了两方大小一致的金星砚和银星砚。长方形，长约20厘米，不加雕琢，红木嵌玉砚盒。该两方砚台的下半部，一方是金星满面，金光闪烁，由于金星密集，几乎成了一块金箔依附于砚面上。另一块银星满面，成了银箔，可说是稀奇之珍。斋主说：“数万方歙砚中不能遇其一，何况金银合璧。”

从《砚史》上了解到元代因战乱，歙砚的产量日趋萎缩，明、清两代已经中断。据说，民国初年濒临绝迹。当时，歙县只有一家砚店，该店在抗日战争时期倒闭。中华人民共和国成立初期，砚工胡子良开始做砚，他雕刻精美，技法娴熟，布局得体，以制砚维持生活。我在一砚斋内看到了一方胡子良的作品。上刻十八罗汉，人物表情惟妙惟肖，可见其功底深厚，技法绝伦。就这么一位有鬼斧神工之誉的雕砚大师在“文革”中受到沉重打击，把他的制砚作品视为“四旧”，一律砸坏，就连百余张拓片和两箱资料也被付之一炬。1979年以后，集体、个体歙砚厂，如雨后春笋，现已发展成数百家，出现了俞石庆、吴荣开、俞华元、郑寒、钱胜利、王祖伟等砚雕工艺师，使一度中断五六百年的歙砚又恢复了它原来的光辉。

屯溪老街是登黄山必经之地，我们在各砚斋参观浏览之际，看到每个砚斋，游客如织，选购砚台者络绎不绝。游人都将带一方小砚回家，作为此次旅游的纪念品。也有砚石爱好者专门在各砚斋选购有意境、自认为有收藏价值的砚台。一方好的砚台虽然价格不菲，并没有影响人们的购买欲望。一些外国游客似懂非懂地看着他们认为好看的砚台，听着翻译讲解关于砚文化的故事频频点头微笑，然后买方砚台放入包中。此情此景，让我明白了在一条街上为什么竟有一百多家砚斋名店且生意兴隆的道理。

四、造化钟神秀　天工美徐公

我国较有名气的砚台40多种，大多以产地命名：如端州（今广东肇庆市）出产的砚台为端砚；安徽古歙州（今歙州、婺源县）产的砚台为歙砚；甘肃洮河县生产的砚为洮砚；产于贵州古思州（今岑巩县）的砚台为思州砚；产于河北易水县的砚台为易水砚。有些砚是以砚的质地命名：如山西绛州以澄泥烧制而成的砚台为澄泥砚；用瓷土做砚为青瓷砚；以金属制砚，如金砚、银砚、铜砚等。有的则以砚台的石质、石纹的特点命名，如山东的红丝砚，其砚石有优美的红丝纹理；湖南南阳生产的砚石有菊花纹理，名曰菊花石砚；北京潭柘寺生产的砚台色呈紫红而名紫石砚；江西玉山产的砚石多罗纹状，故名罗纹砚。唯徐公砚因是唐代徐晦发现而制作，并流行于世，则以徐氏命名为徐公砚。

从地下开采出的徐公石独立成型，砚石四周有明显的水蚀冲刷而成的纵横纹理，变幻无穷，可以说是天工造化，要说天然砚材的成因就要追溯到亿万年的沧桑变迁。

地球自诞生以来，已有46亿年的历史，在这漫长的岁月中，整个地壳都在不停地运动和变化，沧海桑田，风雨变幻，正如唐代诗人胡玢的《桑落洲》所说：“莫问桑田事，但看桑落洲。数家新住处，昔日大江流。古岸崩欲尽，平沙长未休。想应百年后，人世更悠悠。”虽然诗人借诗抒怀，但我们也可以从这首诗中窥见砚石纹饰的成因与地壳变动的关系。蕴藏徐公石的沂南山地，据说亿万年前就在大海淹没之中，经沧桑之变，突出海面成陆地丘陵。但砚石仍在地下水浸泡之中。软者化为泥土，质坚者独立成型；大者1米左右，小者仅10余厘米；其厚度厚者20多厘米，薄者二三厘米。为此，每块徐公砚石的大小、形状、纹理不一，各有特色，绝无雷同。而其他砚种的砚材则是由大块砚石锯切成型，或方、或圆、或长方、或椭圆，砚形可以加工成同样尺寸、同样形状的任意数量。我参观肇庆端溪名砚厂时就看到制砚工人二人一组，用钢锯切割大块砚石，然后再分割成小块砚石，砚石四周是加工而成的直角或半圆鼓形，与徐公砚的自然边痕截然不同。徐公砚石有的可以从中剖开，一分为二，上为砚盖，下为砚池，统称石函砚。蓄墨于砚池，上扣砚盖，可周余不涸。其他砚种也有在砚池上加盖的，如洮砚、易水砚，砚池上面的砚盖是用另外的石头加工而成的，这也是徐公砚与其他砚台相比的独特之处。

将石函砚的砚盖磨平，则成为镌刻砚铭的绝佳位置。选用历代书法名家名言名句及诗词，镌刻在石函砚的砚盖上，将中国古文字、书法艺术、镌刻艺术和砚有机地结合在一起，增加了砚台的观赏价值。

1999 年，我在北京举办徐公砚展览时，中国书法家协会原副主席刘炳森出席了剪彩仪式。他在接受北京电视台采访时说："我用过许多砚台，我最喜欢的当是姚先生的徐公砚，因为此砚虽是现今所作，但从砚的自然边痕来看，能欣赏到亿万年水蚀风化、变幻莫测的天工之美。"同年 10 月，我在朋友的陪同下来到中组部原副部长、原轻工部老部长乔明甫家中看望乔老并向其请教，乔部长是第一届文房四宝协会名誉会长，对文房四宝深有研究，他在仔细观赏我带去的徐公砚后说："此砚乃亿万年之造化，水火轮回，胜过鬼斧神工，具有积蕴天然、妙趣横生的特点，实为一方难得的好砚。"他对我投资开发湮没地下逾千年的徐公砚大加赞许，并推荐我加入了文房四宝协会，给予了我很大的精神鼓励，增添了我加大开发徐公砚的信心。

五、积蕴观天然　庋藏贵精深

就一方砚而言，它的好和差，名贵与一般，要凭自己对中国砚台渊源流变过程的了解，对中国砚台总体认识来进行把握和判断。古人鉴定砚台是质之坚润、琢之圆滑、色之光彩、声之玲珑、体之厚重、藏之完整。从现今的眼光来看，品评鉴定一方徐公砚，通常看六个方面：一看砚质、二看砚纹、三看砚工、四看砚品、五看砚铭、六看砚饰。

砚质：指砚的质地。砚石质地要坚实细腻、温润如玉、不损笔毫，与墨相亲、贮墨不涸，寒冬储水不冰、盛夏储墨不腐。具备以上特点的砚石，方可作砚。中国幅员辽阔，山地占到国土的三分之二，可是适合做砚的砚石，资源相当稀少，只有端石、歙石、洮河石、徐公石等几十种。日本是个山国，可是没有适合做砚的石头，日本本土生产的"和砚"，因质地较软，只可做陈设。所以日本人用砚、赏砚均倾向中国砚。

砚纹：指砚材的天然纹理。端砚的花纹呈青花、蕉叶白、梅花点、鱼脑冻、冰纹等。歙砚的纹理有罗纹、金星、鱼子等。而徐公砚的石纹，一块砚石上能有数色出现。如鳝鱼黄砚石上，间有橙色局部，相映如朝霞；绀青色石上，纹彩有的如乌云翻腾，山雨欲来；茶色石上，色彩变幻如云雾弥漫，似有若无；沉绿色石上，有的沉透如秋山，有的白线交错如冰纹；生褐色石上，有的如风起云涌或微波徐动。徐公石色彩缤纷，但沉透而不浮艳，极为雅静。石纹优美有特点者为上乘，石色暗淡无纹理则收藏价值较差。

砚工：即雕工。指砚台的造型是否高雅别致，所雕的线条是否圆润、简洁，构图是否有意境和较高的文化内涵，是否巧用俏色，并让砚石中的色泽美、纹理美，在砚石上充分地显示出来，以确定砚工的优劣。如我在设计制作一方徐公砚中，发现一块黑灰色的砚石上有一股暗黄色纹理，就决定在出现黄色纹理的上方，雕一盘龙，龙口与黄色纹理相衔接，做成后好似龙吐天浆。另一方砚石上有一枯树痕迹，在其周围雕出枝叶，酷似枯树新枝。在树叶上刻一蝉，栩栩如生，增加了砚的意境。观砚者为其俏色的巧用和雕琢的精细无不赞叹。1998 年，我在北京举办徐公砚展览，中国满文化研究会会长连昌裔出席剪彩仪式，并为徐公砚题词，写了一个“龙”字，另一幅写了一个“神”字，我不解地向他请教，他意味深长地说：“砚是中华文化的重要组成部分，汉文化、满文化都是中华文化，我们都是龙的传人，所以我题了一个‘龙’字。砚石不在大，有神则灵，藏砚不在多，有奇则名。看了你们展出的砚台，真是天工、人工两臻其美。由好入精，由精入妙，由妙人神，由神入化，情景交融，意味无穷，所以我题了这个‘神’字。”

砚品：指的是砚的品相和外形，砚的品相如人的品貌，以端正、大方者为上，故砚台的造型多为长方、正方、圆、椭圆。徐公砚因其造型是天然造化，大小形状很不规律，但不规律中见规律，接近长方、正方、梯形、圆形，端庄者为上乘。

砚铭：指镌刻于砚石表面的文字书法，是镌刻与砚雕艺术相结合的产物。砚铭向来受到文人雅士的重视，早期砚铭多数以砚说砚，对砚进行品评和赞美。到了宋代，砚铭用来寄情言志，留下了许多脍炙人口的格言名句。如宋代岳飞的砚铭“持坚守白，不磷不缁”；文天祥的砚铭“砚虽非铁难磨穿，心虽非石如其坚，守之弗失道自全”。其砚铭铿锵有声，令人肃然起敬。现代砚铭注重砚铭与纹饰巧妙结合，同造型有机融汇。以我设计制作徐公砚砚铭的经验而言，铭面构图因形而异，行、草、隶、篆因砚而择。选用历史书法名家，如王羲之、王献之、米芾、欧阳询的经典书法名作，和现代书法家于右任、吴昌硕、启功的书法诗词刻在砚的适当位置，将中国的书法艺术、篆刻艺术和砚有机地结合在一起，增加了砚台的观赏价值。砚铭的镌刻又有阳文和阴文之分：阳文，即将铭文凸出砚面，有立体感，尤其是甲骨、金文用阳文效果更佳；而阴文是将铭文从砚面上向下雕刻，再涂以白色或石绿，篆书印章着以朱红，使整个砚铭在砚面上相互辉映，显得清新高雅。刀法的运用上力求实现笔画的顿挫、轻重、快慢、转折，刻得生动自然，既有笔意，又有刀味。鉴定砚铭的价值除了诗句的意境优劣之外，还要看它书法艺术的高下，雕工能把原作的书法笔意充分地体现出来，才是一方上品。

砚饰：指砚的装饰。在清代就很注重砚匣的配置，一方好的端砚多以红木或花梨木做匣，将砚台置于其中，起到装饰和保护的作用。砚匣外面涂以清漆或色漆，以增加美观和耐用。高级的砚匣盖上有的还镶有金银丝线或玉石，以显其华贵。现在各地砚厂对砚的装饰各有特点：如端砚、歙砚，仍延续过去的传统，用楠木、樟木、杉松，讲究的则用紫檀红木做盒。多数砚厂采用锦盒包装，所用锦布，花纹颜色各有特色，砚盒的装饰对砚台的价值起到陪衬作用。但也有例外：1995 年春季上海朵云轩拍卖公司拍出了一对浮雕花卉端砚，两方紫檀匣外另配一紫檀外匣，装潢相当考究，当是清末宫廷的礼品砚。当时行情大约估价四至五万元，可大出意料的是拍卖的成交额高达 50 万元，这不能不说是砚饰之功。

综上所述，一方好砚，其砚石一定要具备质地细腻而温润、纹理优美而有意境；其雕工必精细繁猗、立意高雅、大巧若拙；其铭文古朴隽秀；其砚饰亦应精美等特点。欣赏一方充满神奇奥妙、诗情画意的砚台，可使人清新悦目，养精益智，喻德励志，延年益寿。赏砚如读无字天书，读石如读史，悟砚如悟道。你如果加入藏砚、赏砚的行列，定会有逸兴无穷之感。

六、莫问桑田事　求新在出新

徐公砚石乃亿万年之造化，水火轮回，鬼斧神工，妙造天成。砚石采于地下岩层与风化层之间的夹层中，其石独立成型，大小不一，砚的天然纹理和自然形态各异，选石制作就要因材施艺。经过观察，立意，反复推敲，然后确定制作方案，以砚为一种载体，通过制砚艺术，抒发情感，赋以生命，拓宽砚的空间，丰富砚的文化内涵，乃是一种创新与创造。

制砚先立意，意为砚灵魂，意靠人立，修养不及，立意不会高远，正所谓“石不能言最可人”。美在于发现，要在看似普通的石材中，感知它的美，是否能发现美还取决于人对砚石的认知和悟性。立意过程中，考虑要周密成熟，做到胸有成砚，一气呵成。根据我多年来对砚的创意和设计经验，归纳为以下几点：

1. 天人合一　相得益彰

对徐公砚的设计，首先要追求内在美，追求天人合一的大美意境。大自然赋予的特点正是徐公砚石构成的独特风格，根据其特点，在砚材构思成型雕饰等诸方面采用不同的艺术表现手法，以期达到文化内涵的深厚，作品耐人寻味的艺术效果。所谓天人合一，就是将徐公砚石中的天然石材，纹理产生美的联想和美的感受，巧妙地加以利用，加上雕刻装饰处理，以达到最佳的艺术效果。二者整体地把握和巧妙地结合使设计思想、艺术处理和艺术的自然美融合在一起，相得益彰。如有一块砚石呈暗黄色，其形状呈不规则的长方形，欲将其设计成一方竹简砚。在其砚面上刻成竹简状，在竹简的上面，镌刻汉隶，上下两端再刻上绳状的纹理，看似把竹简都连接在一起，就成了一方古朴的竹简砚；另一块砚石通过清理发现了在砚石的正面有许多自然成型的蘑菇状的形体，我们保留它自然的形态，在中间琢一砚堂，蘑菇围绕砚堂四周，成为一方耐人寻味的蘑菇砚。

2. 奇形正体　自然简朴

徐公砚石形态各异，但作为以实用功能为主体的砚堂，制砚时要占据砚面的主要位置，其装饰属于附属部分。砚堂以方圆为主导形式，开堂也要因材而定，确定在适当的部位，然后再构思雕刻图案或雕刻铭文。如有一方砚石，正面平整，而四周好似天然石壁，在四周侧面上刻以佛洞、佛像，观之如摩崖石刻。上面随形开堂，做成的砚既有观赏性又有实用性，达到了奇形正体。再如，有一块砚石，高20余厘米，在砚石一侧有独立的两个倾斜石柱，呈双头鸟状，对其石四周和外形没做任何处理，只是在砚石的主体上开一砚堂，就成为很形象的双头鸟砚。

徐公砚的自然风格总体来说是简朴大方。“简”要达到艺术的高度概括，使艺术表现得取舍得当。没有简就难做到朴，“朴”即古雅、浑厚，以简洁的手法赋予砚以艺术的生命。如在一方砚石的中右方开琢砚堂，在砚石左侧依形刻两片荷叶，叶边自然翻卷围绕在砚堂一侧，达到了自然简朴的效果。

3. 艺文兼备　多样兼容

在艺术创作中，艺和文总是相辅相成的。用甲骨、钟鼎等古文字，镌刻于砚额或砚堂的一边，用刀粗犷，给人一种苍茫厚重、古典、优雅的感觉。

2008 年，发现一块砚石，不但四周边痕有明显的水蚀纹理，砚石上面的自然纹理也纵横交错，设计制作时一改把上面磨平、刻制砚堂的惯例，而在砚面自然的纵横纹理的基础上刻四个小砚堂，形成了一个“田”字。看似制砚简陋，可寓意深长。文人恃文墨为生，故谓砚为“砚田”。观此砚，可联想到清蒋超伯《南漘楛语·砚》铭云：“惟砚作田，咸歌乐岁。墨稼有秋，笔耕无税。”此砚受到众多观砚者好评。

4. 把握内涵　提升砚品

徐公砚的设计出新，可以通过把握砚的艺术内涵，去达成提升砚的品质之目的。如我们制作的竹节砚、竹简砚，就很有温文典雅之气。竹清高而有节，宁折不屈，虚怀大度。宋代文学家苏东坡曾云“宁可食无肉，不可居无竹”。用竹的图案雕刻在砚面上，象征高风亮节，增加了砚的儒雅之气。再如，我们设计的荷花砚，就很受众人青睐，因为荷花出淤泥而香远，玉藕陷污泥而不染。其荷花、荷叶栩栩如生、姿态万千，又寓意清廉。我们还经常把梅作为砚饰图案，在梅花的图案旁再刻上“志坚不畏寒窗苦，傲骨凌风恣意开。一片冰心甘寂寞，年年雪中报春来”，高雅之气油然而生。

一拳之石见岱岳，一勺之水显沧海；方寸之池闻涛声，砚缘之情终不怠。欣赏充满神奇奥妙和诗情画意的砚石使人静心悦目，养性益神，育德立志，辟邪益寿。近三十年来，我把我的身心融入对砚的创意和设计，当一方得意之作面世并受到世人称赞时，就会感到无比的欣慰和愉悦。

5. 植根传统　发展创新

在设计徐公砚的图文中，经常采用龙的图案。龙是中国人心目中吉祥之物，具有高贵、神奇的气质，也是我们民族由来已久的传统标志和立国象征，千百年来，受到历代人们的尊崇。为此我们沿袭传统历史中龙的图案，用到砚雕中来，在雕砚时，充分表现它雄浑的气势，用祥云衬托在砚堂的周围，淋漓出龙的器宇轩昂、矫健有力、气吞山河的气势。云便是随这种形态或聚、或散、或虚、或实的变化，在虚实幻化间为龙营造出一个自由腾挪的世界，深受世人珍爱。一改砚堂是方或圆的模式，用不规则的祥云图文，增加了砚的灵气。

徐公砚集万千美妙于一身，乃是天然之物，大美之砚，文化之器。

“文化是民族的血脉，是人民的精神家园，也是政党的精神旗帜。”党和国家绘制了文化大发展大繁荣的宏伟蓝图，为继承和弘扬优秀民族文化，提出了在义务教育阶段，开展形式多样的书法教育，把书法教育纳入教学研究的工作范围。现在不少的高等院校设置了书法专业，在大学中推广使用笔墨纸砚，不少大学生攻读书法硕士学位和博士学位。1997 年，我到北京师范大学拜访欧阳中石先生的时候，结识了正在该校从师欧阳中石先生、攻读文学（书法）博士学位的叶培贵，他是我国第一批在大学设立书法专业后的书法博士生。十年磨一剑，在文史素养、书学理论与书写实践中他均取得丰硕成果，现已当选为第八届中国书法家协会副主席。

砚文化已得到社会各界的珍视。2019 年第 43 届中国文房四宝艺博会砚的展出规模比 1995 年我第一次参加文房四宝艺博会时增加了十几倍，可以看出全国制砚行业快速发展的繁荣景象。随着对传统文化的弘扬，砚文化的发展已经迎来新的机遇，而徐公砚亦会更上层楼，为中国砚文化乃至人类文明创造出新的贡献。

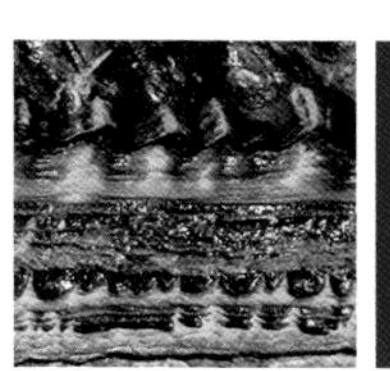

二、情系徐公砚

1994年作者响应党中央号召，投入以帮助革命老区新上项目脱贫致富为内容的“光彩事业”活动，在山东省委领导的带领下到沂南考察，毅然选择了开发徐公砚项目。

与沂南签订联合开发徐公砚协议后，投入资金，着手考察、研讨、设计、制作产品。1994年10月，进京参加了在中国美术馆举办的全国名砚大展，经过名砚专家鉴评，参展徐公砚荣获金奖，在全国砚林中独树一帜。

1999年7月，砚宝斋在兖州隆重开业，2019年又成立了山东砚宝斋文化创意有限公司。作者28年来致力于徐公砚的开发与创新，将传统文化注入砚石，赋顽石以生命，使积蕴天然的徐公砚达到了天人合一的艺术境界。

光彩沂南缘

徐公砚石藏于此山下

全省民营企业家投入扶贫“光彩事业”座谈会94.8.

1994 年响应党中央号召，作者（前排右二）投入以帮助革命老区新上项目脱贫致富为内容的“光彩事业”活动，在山东省委领导的带领下到沂南考察。

在沂南县进行项目对接

在沂南县政府领导见证下，与沂南县企业签订“联合开发徐公砚项目”协议。

1994 年 8 月，与民间艺术家尹传宏一起实地考察砚石产地——徐公店。

研讨徐公砚设计制作技艺（左一：时任沂南县人大副主任尹传军）

与沂南签订联合开发徐公砚协议后，投入资金，着手考察、研讨、设计、制作产品。1994年10月，进京参加了在中国美术馆举办的全国名砚大展，经过名砚专家鉴评，参展徐公砚荣获金奖、优秀作品奖和参展组织奖，在全国砚林中独树一帜。

徐公砚荣获94’中国名砚博览会鉴评金奖，欣然在中国美术馆门前留影。

进京参展归来，向时任沂南县委书记黄宜泉汇报徐公砚参展获奖情况。

为表彰作者到沂南县参加徐公砚的开发及进京参加全国名砚博览会荣获金奖所作出的贡献，沂南县委书记黄宜泉向作者颁发“沂南县荣誉公民”证书。

徐公砚获奖归来，与沂南县委县政府有关领导合影。

投资徐公砚

探寻徐公砚石场地

砚石老坑

清理山上的废石

徐公店砚石坑分层开采

徐公石在地下水中已经被浸泡、冲刷了数亿万年。

徐公砚石自然造化，独立成型，四周边痕不能有缺损，需要经过严格挑选。

勘察砚石老坑

老坑采石现场

选取有特色的精品徐公砚石

新闻媒体在徐公店砚石产地现场考察、采访。

创新与制作

徐公石因自然天成，大小厚薄不一，造型各异，在制作徐公砚时要因材而就，根据每块砚石的自然特点，确定砚堂的最佳尺寸和位置，然后再设计雕刻图案和镌刻文字。如有的砚石四周像悬崖峭壁，在石上开堂，其砚似高山天池；有的砚石山头林立，且沟渠纵横，中间开堂，观之如群山环抱。徐公砚的雕刻特点不同于端砚的透雕，也不同于歙砚的浮雕，而是透雕和浮雕的有机结合，以写实为主，如卧牛砚、荷叶砚具有浓厚的沂蒙乡土气息。在设计雕刻铭砚时，行、草、隶、篆因砚而择，以提高砚的艺术效果。

精工细作

推敲设计

设计制作

徐公砚制作场地

山东砚宝斋

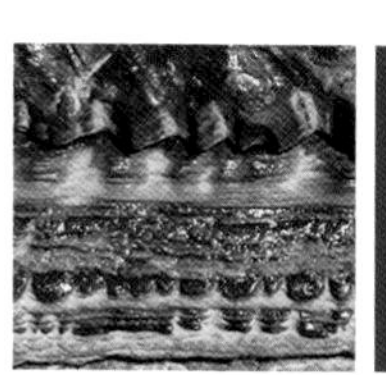

三、美哉徐公砚

徐公石由亿万年风化水蚀所致，砚石独立成型，形态各异，天然成趣。四周边缘变幻神奇，石纹纵横、层层有致。石色深透而不浮艳，纹理丰实交错如冰纹。徐公石硬度适宜、质嫩理细、温良如玉、叩之清脆、扪之柔润，聚集了天地之灵气，吸纳日月之精华，被砚石收藏家视为中华瑰宝，砚石中之珍品。著名书法家孟蒙赋诗曰:“沂地奇石藏南川，琢砚润墨不畏寒。徐生偶得是天助，长安殿试列榜前。历经沧海几变迁，瑰宝湮没逾千年。独具慧眼姚树信，重现自然惊世间。”

根据砚石的自然造型，制砚师因材施艺，精细雕琢，使之成为有收藏价值的艺术品。作者从创新佳作、藏砚精选中选出 218 方徐公砚精品收录书中，展现了“中国自然第一砚”的独特风采。

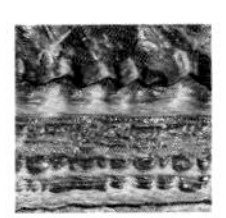

铭文砚系列

铭文砚是砚文化的重要组成部分，它集历史、文学、书法、金石于一身，故历代文人学士都非常重视砚铭。自古好砚都有砚铭，作者选用历代书法名家王羲之、王献之、欧阳询、颜真卿、米芾、董其昌、郑板桥等经典书法名作和近代书法大家的诗词，增加了砚的艺术内涵。徐公砚的砚铭多镌刻在砚盖、砚额或砚池的两侧，分别用正、草、隶、篆和金文、甲骨文、石鼓文等不同的字体，将中国诗、书、画、印有机地结合在一起，增加了砚的艺术价值和观赏价值。

郑燮书法砚

35cm × 28cm × 5.5cm

此砚荣获第八届全国文房四宝艺术博览会砚评金奖。

倚剑天外砚

41cm × 42cm × 4.5cm

此方徐公石的左侧有一地下水蚀冲刷而成的沟壑，将沟壑右边的砚石磨平，开一砚池，砚池设计在砚的中下方。在砚额部分镌刻赵朴初书法：唐代李白诗《早发白帝城》。砚池左右两侧镌刻郭沫若书法楹联："酌酒花间磨针石上，倚剑天外挂弓扶桑。"在沟壑左边篆刻五方印章，着色朱红，使书画名人的书法艺术与印章艺术相互辉映，以显示砚台的天然之美和书法、篆刻艺术之灵气。

宗秦法汉砚
42cm × 32cm × 6cm

此方砚一改传统砚堂方圆之规，创新为河蚌形，使该砚石不同层次的石纹以不同的色彩纹理显示的淋漓尽致。砚石的边痕也与众不同，层次细密、色浅，形成该石的自然特色。在砚的右侧镌刻篆书“宗秦法汉”，古朴典雅、厚重而大气。此方砚石在展出中，众多的砚石爱好者意欲收藏，只因此砚是独有的，至今仍陈列在山东砚宝斋。

名家诗书砚

48cm × 47cm × 4.5cm

君子之德砚

24cm × 20cm × 5cm

髯翁铭文砚

55cm × 36cm × 5cm

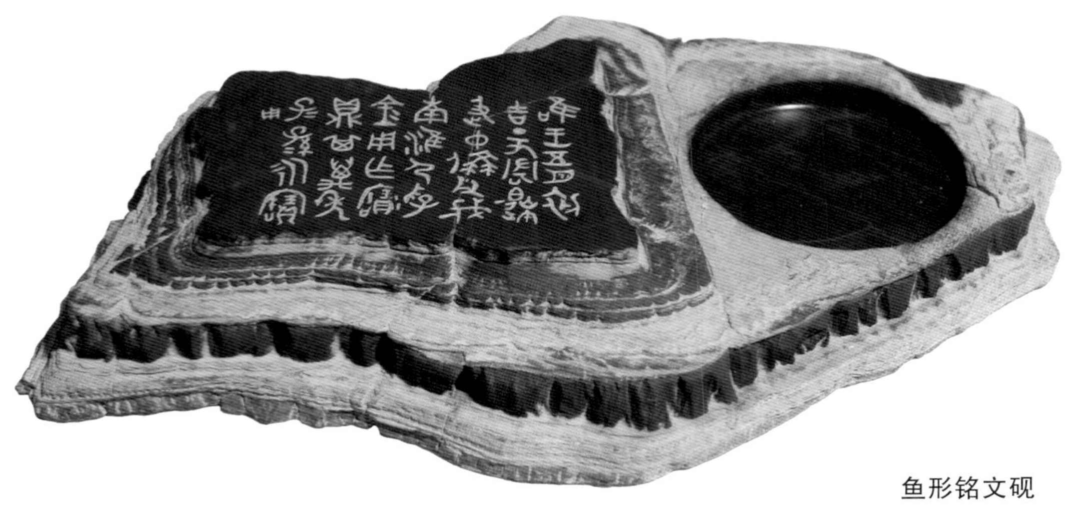

鱼形铭文砚
45cm × 30cm × 8cm

扇形铭文砚
45cm × 40cm × 8cm

子昂书法砚
30cm × 28cm × 5cm

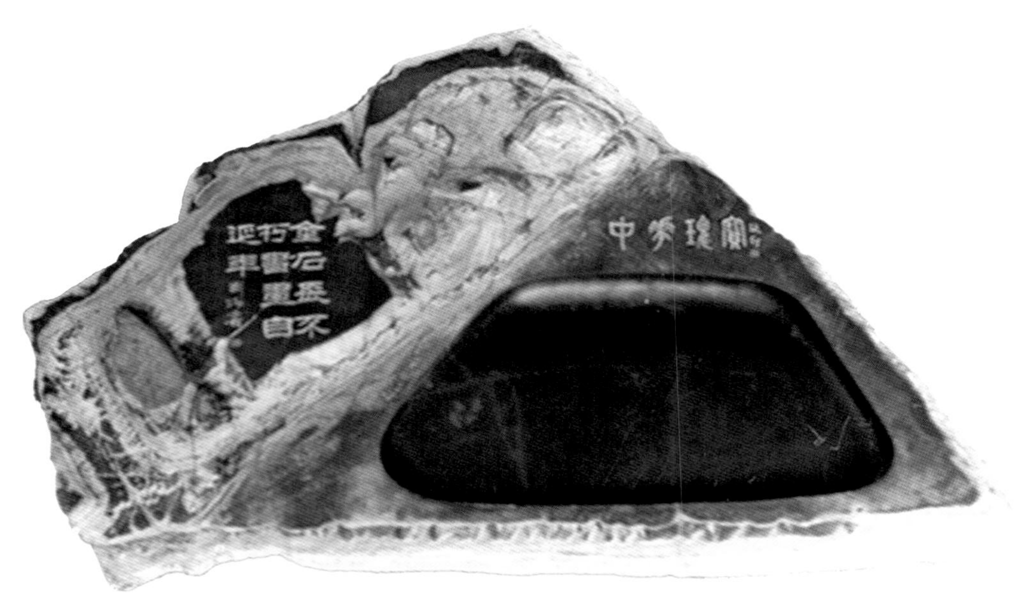

中华瑰宝砚

38cm × 29cm × 3.5cm

临江仙铭砚

50cm × 38cm × 6cm

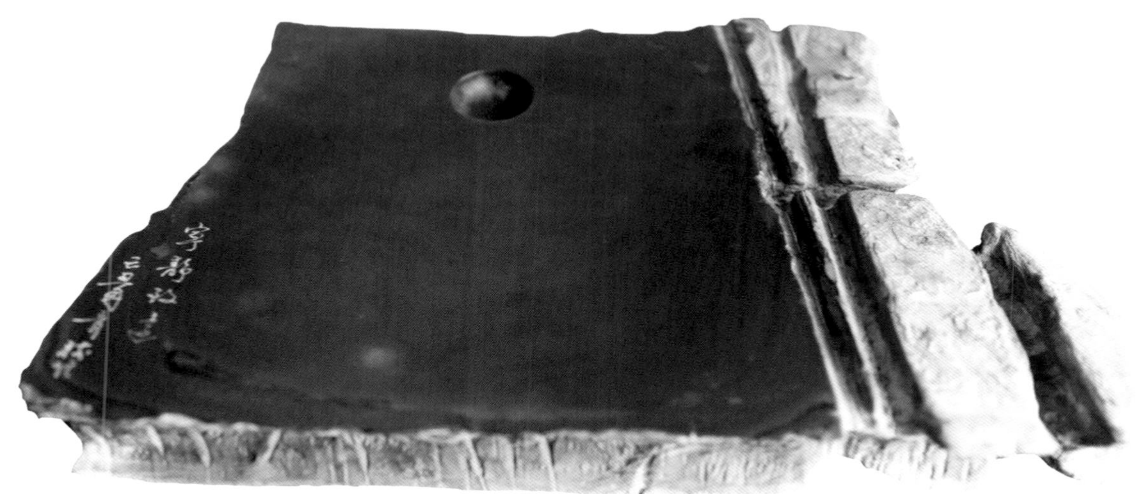

宁静致远砚
42cm × 31cm × 3cm

西周利簋砚
42cm × 31cm × 3cm

齐璜书法砚

38cm × 29cm × 3.5cm

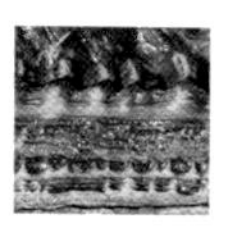

石函砚系列

有的徐公砚石可从中剖开，一分为二，上为砚盖，下开砚池，上下组合，一如原石。蓄墨于砚池，上扣砚盖可周余不涸，这种砚统称石函砚，这也是徐公砚在全国砚林中的独特之处。石函砚为徐公砚之极品，天工开物，非人工所能复为。上苍造物，贵供砚林，识之皆叹为观止。将历代书法名家的诗词书法镌刻在砚盖上，增加了砚的艺术内涵。

此砚与一般石函砚的迥异之处在于砚池的左上方有自然山形，突起的山体与低平的砚池相呼应，错落有致，形成了一幅优美的自然画图。在构思这方砚的制作时，将砚盖磨平，于上镌刻西周金文，将古朴的镌刻艺术与砚有机地结合在一起，以起到“石蕴天地气，砚铸诗画魂”的艺术效果。此砚荣获第二届北京国际艺术博览会金奖。

西周金文砚

32cm × 25cm × 7cm

金文残碑砚

35cm × 29cm × 9cm

此方砚是 1998 年挖掘出的一方石函砚石，砚品端庄。从中剖开，成为一方成色绝佳的石函砚，四周边缘层层有致，纹理清晰，水平纹和垂直纹清晰可见。在砚面上镌刻西周大盂鼎金文，有古之残碑效果。在 1999 年全国文房四宝博览会暨名砚鉴评中，得到鉴评专家的高度评价，荣获金奖。

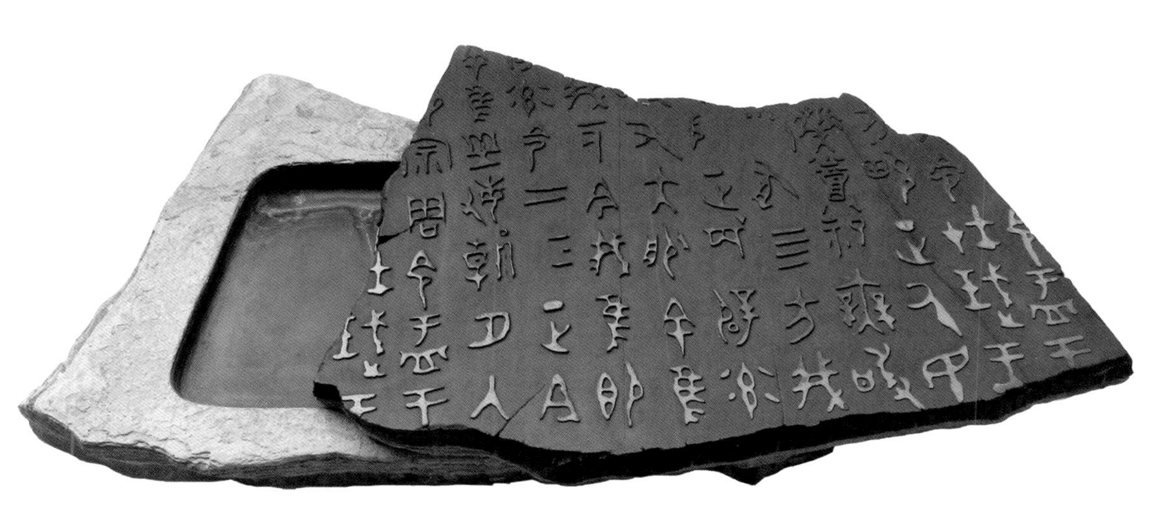

大盂鼎石砚

41cm × 36cm × 6cm

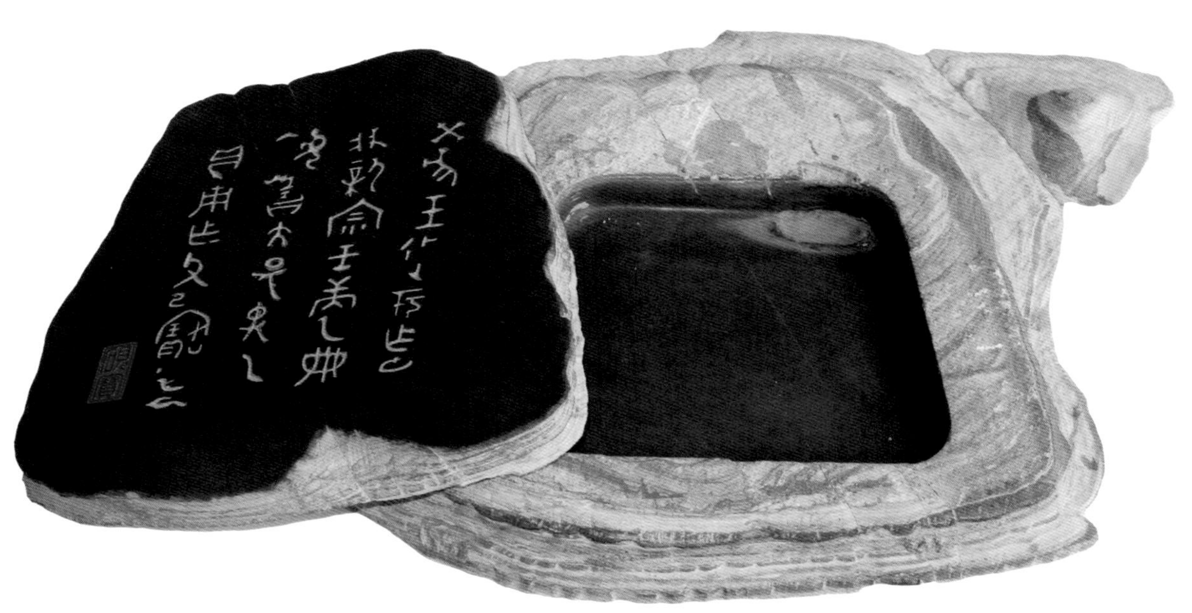

金文石函砚

31cm × 27cm × 7cm

钟鼎铭文砚
37cm × 17cm × 5.5cm

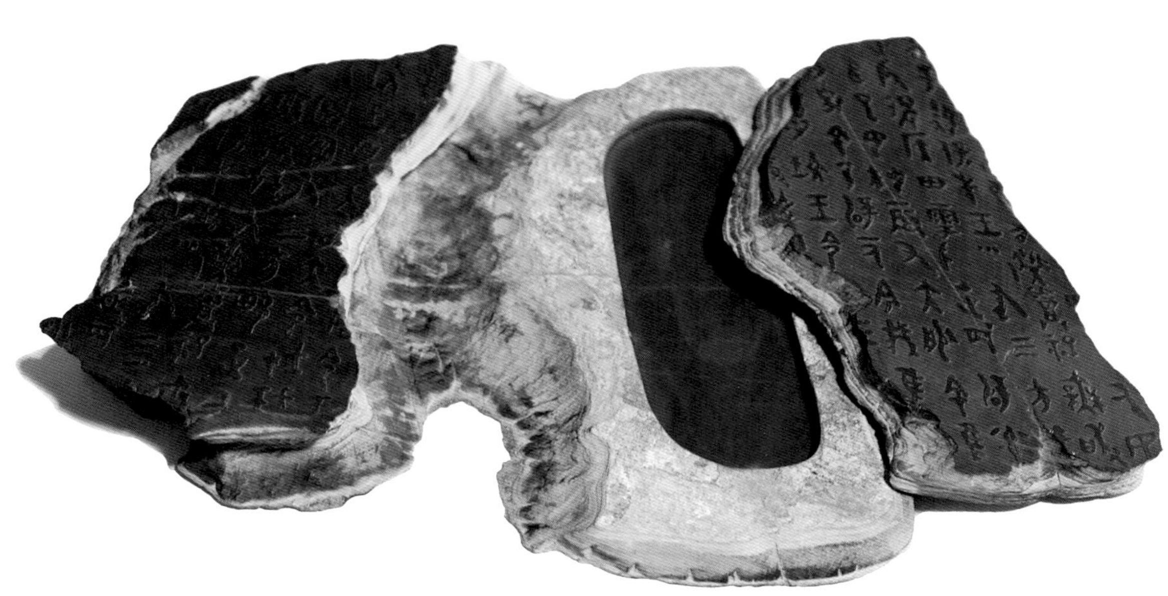

阡陌铭文砚

37cm × 33cm × 4.5cm

钟灵毓秀砚
31cm × 30cm × 9cm

残碑石函砚

42cm × 38cm × 7cm

铭鼎云遂砚
44cm × 14cm × 6.5cm

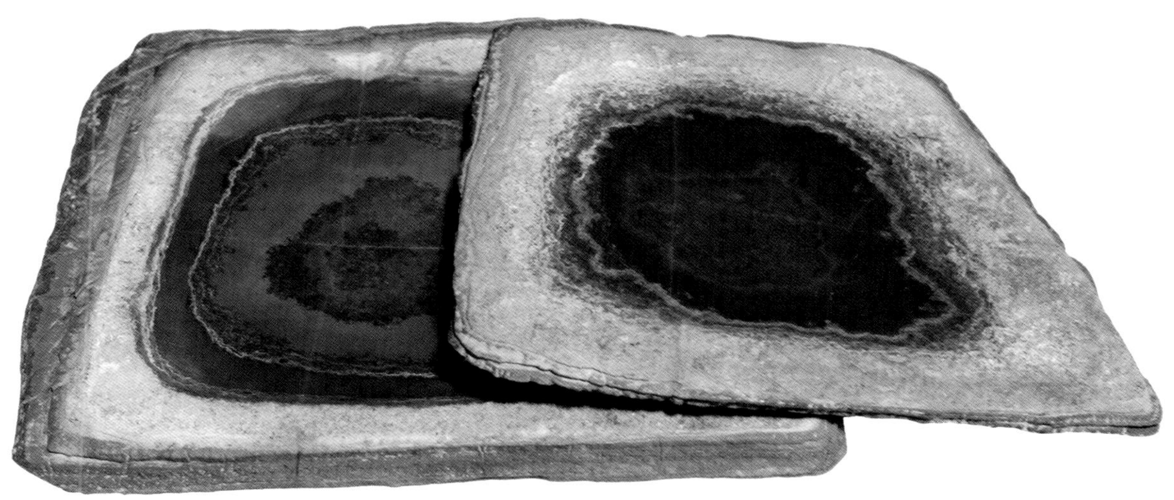

史海方圆砚
27cm × 22cm × 3cm

片水环璧砚

37cm × 13cm × 6cm

扁舟渺然砚

56cm × 16cm × 4.5cm

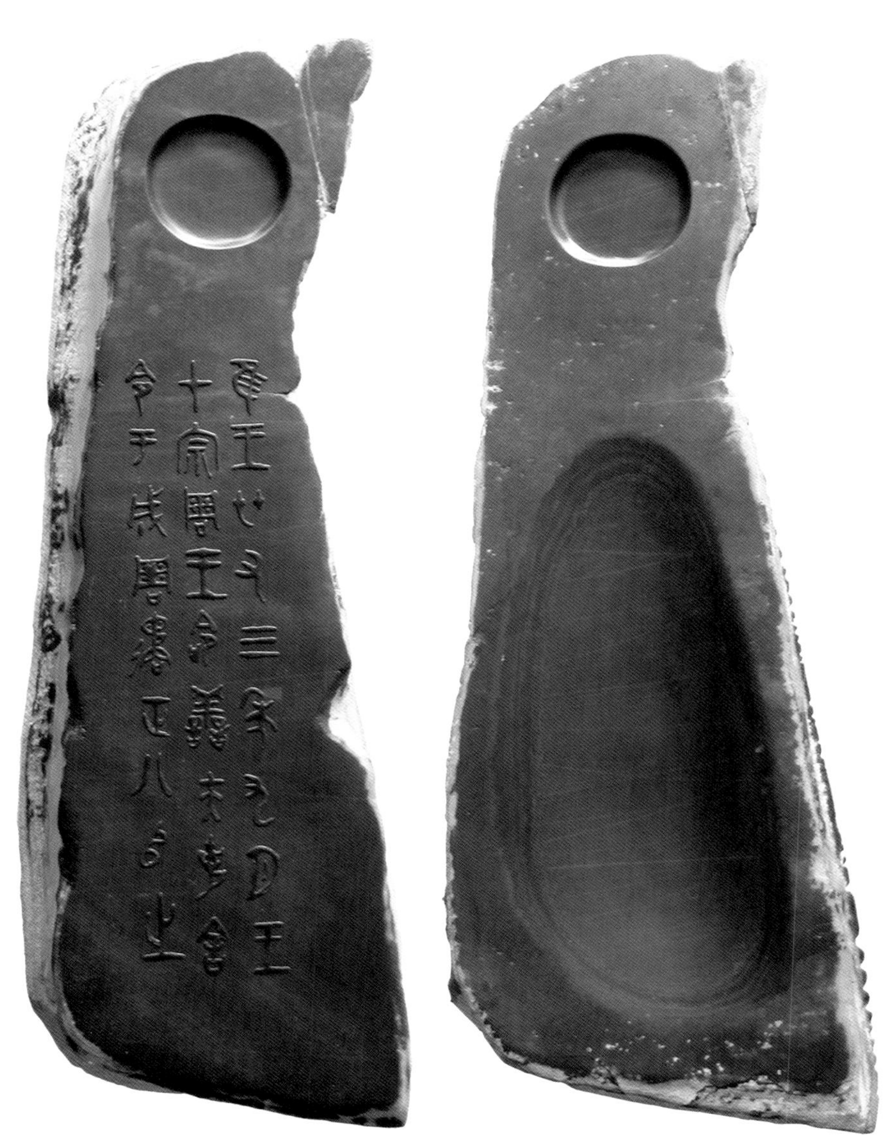

企鹅石函砚

47cm × 16cm × 5cm

虎符铭文砚

35cm × 35cm × 5.5cm

此方砚四周花芽排列匀称优美，砚面石层有黑色与土绿之分。在砚面左侧有三叶虫化石痕迹，在砚石的右半部刻秦虎符铭文：“甲兵之符，右在王，左在新郪。凡兴士被甲，用兵五十人以上，必会王符乃敢行之。燔燧事，虽无会符行殹。”两种石色形成的铭文立体效果更加突出，是制砚中的经典之作。

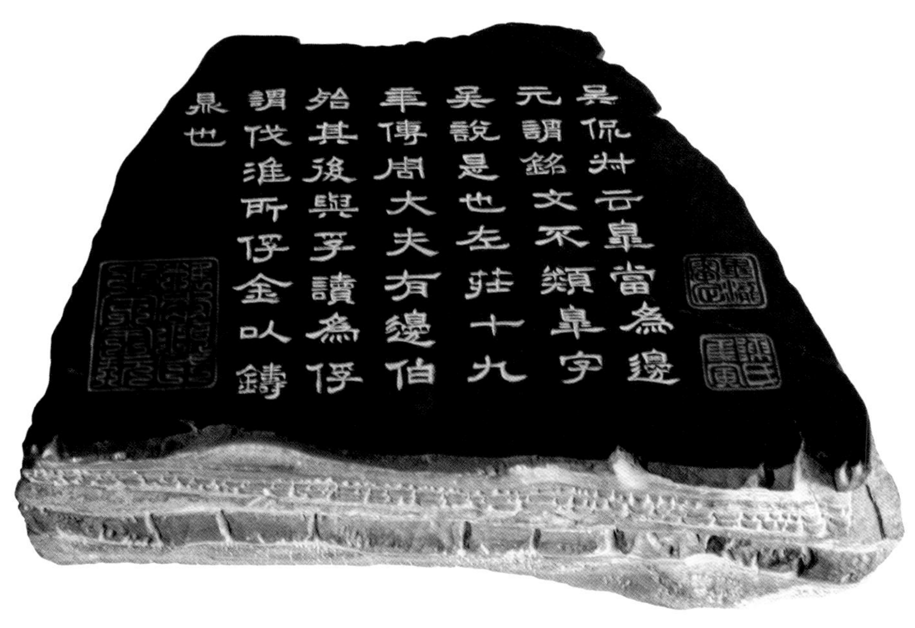

左传铭文砚

27cm × 22cm × 8cm

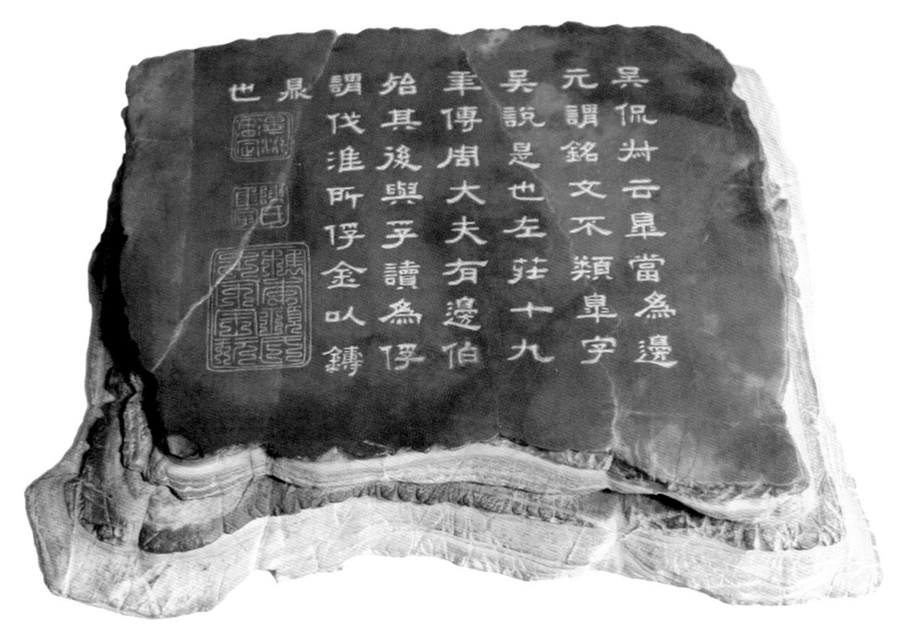

左氏春秋砚

32cm × 18cm × 8cm

中秋帖铭砚

38cm × 25cm × 6cm

此砚以《中秋帖》作砚铭，《中秋帖》为晋王献之所书，其书法纵逸豪放、神韵天资，卷前后由宋、明、清等内府鉴藏印章，曾被清高宗、乾隆皇帝誉为稀世珍宝。

信本书法砚

38cm × 32cm × 6cm

苏轼书法砚

50cm × 45cm × 8cm

释文：

背郭堂成荫白茅，缘江路熟俯青郊。桤林碍日吟风叶，笼竹和烟滴露梢。暂止飞乌将数子，频来语燕定新巢。旁人错比扬雄宅，懒惰无心作解嘲。

—— 眉阳苏轼

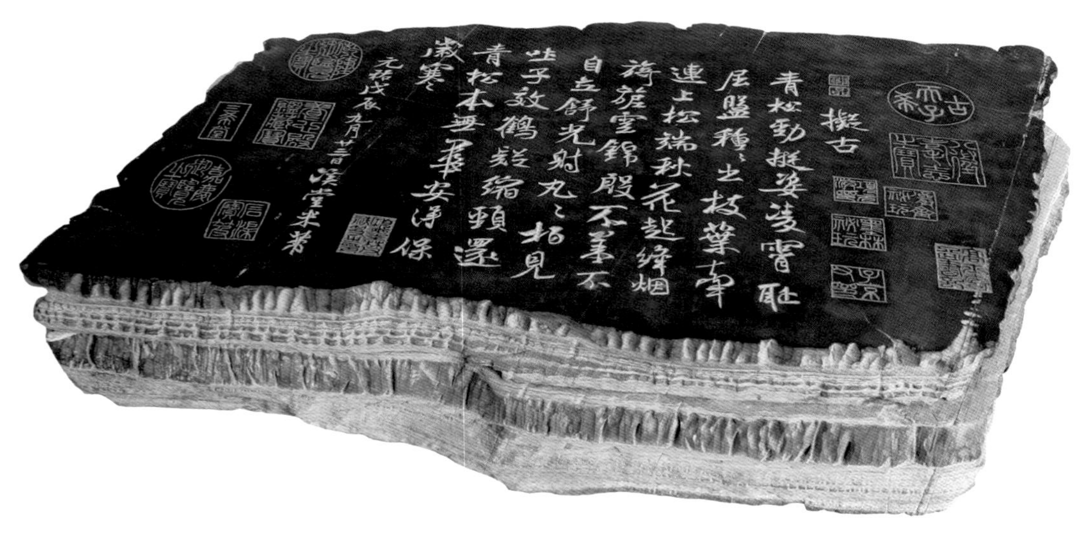

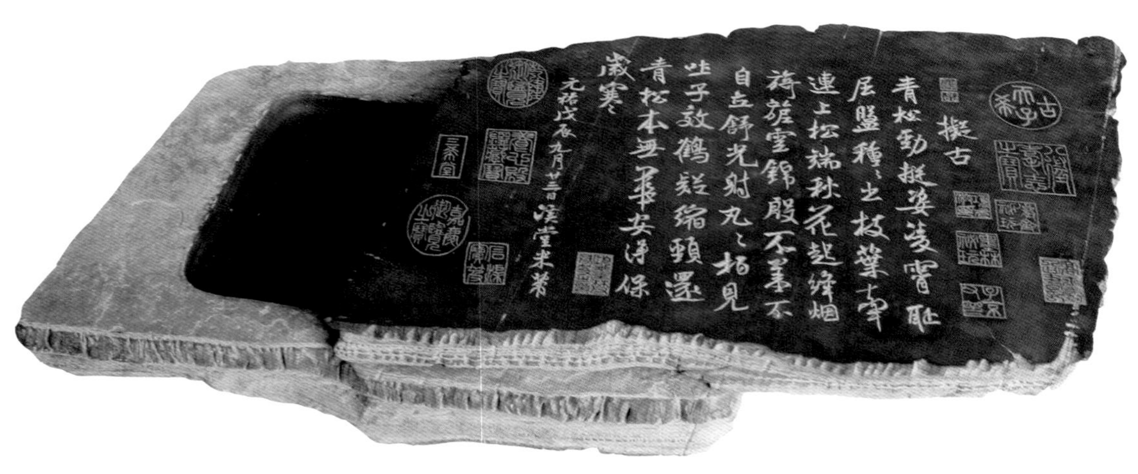

米芾拟古砚

42cm × 33cm × 6.5cm

释文：拟古

青松劲挺姿，凌霄耻屈盘。种种出枝叶，牵连上松端。秋花起绛烟，旖旎云锦殷。不羞不自立，舒光射丸丸。柏见吐子效，鹤疑缩颈还。青松本无华，安得保岁寒。

米芾书法砚

28cm × 25cm × 6.5cm

释文：重九会郡楼

山清气爽九秋天，黄菊红茱满泛船。千里结言宁有后，群贤毕至猥居前。杜郎闲客今焉是，谢守风流古所传。独把秋英缘底事，老来情味向诗偏。

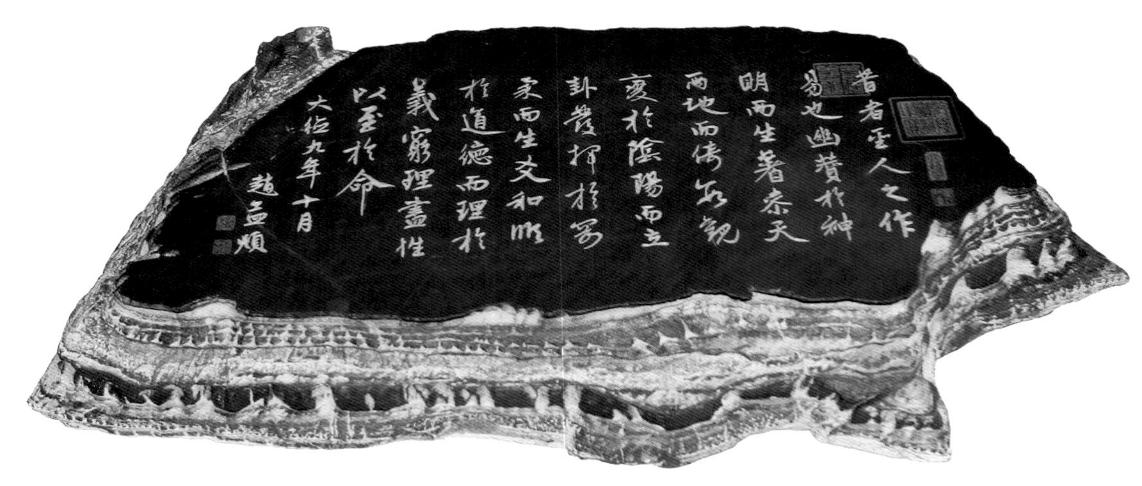

松雪道人砚

55cm × 30cm × 7cm

释文：

昔者圣人之作《易》也，幽赞于神明而生蓍，参天两地而倚数，观变于阴阳而立卦，发挥于刚柔而生爻，和顺于道德而理于义，穷理尽性以至于命。

——大德九年十月　赵孟頫

琵琶行石砚
58cm × 35cm × 6cm

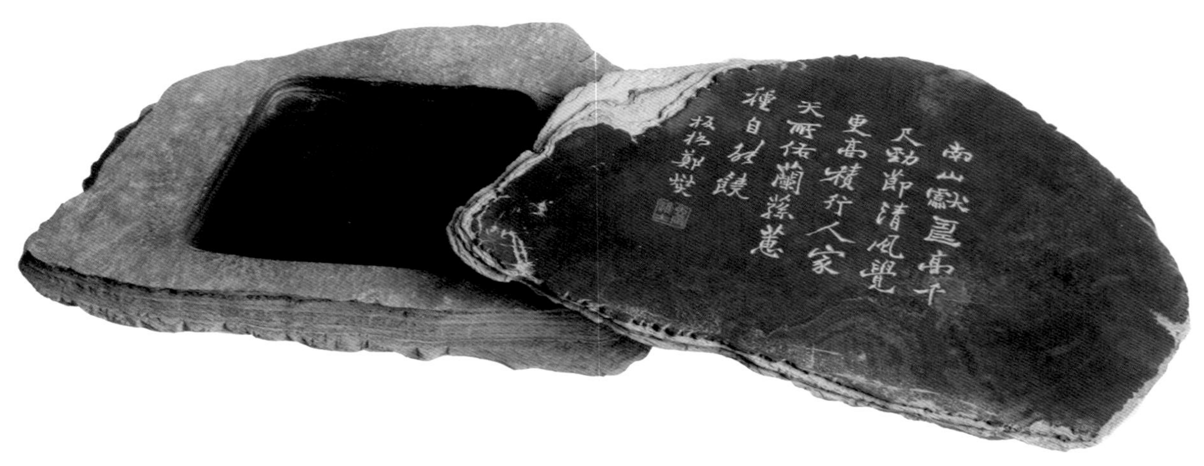

南山献寿砚

43cm × 29cm × 6cm

释文：

南山献寿高千尺，劲节清风觉更高。

积行人家天所佑，兰荪蕙种自能饶。

——郑板桥

板桥书法砚

32cm×9cm×7cm

释文：

酒罄君莫沽，壶倾我当发。城市多嚣尘，还山弄明月。我虽不善书，知书莫如我。苟能得其意，穷谓不学乎。

——乾隆丙子秋　板桥郑燮

秦时明月砚

35cm × 24cm × 7cm

释文：

秦时明月汉时关，万里长征人未还。但使龙城飞将在，不教胡马度阴山。

——王昌龄《出塞》

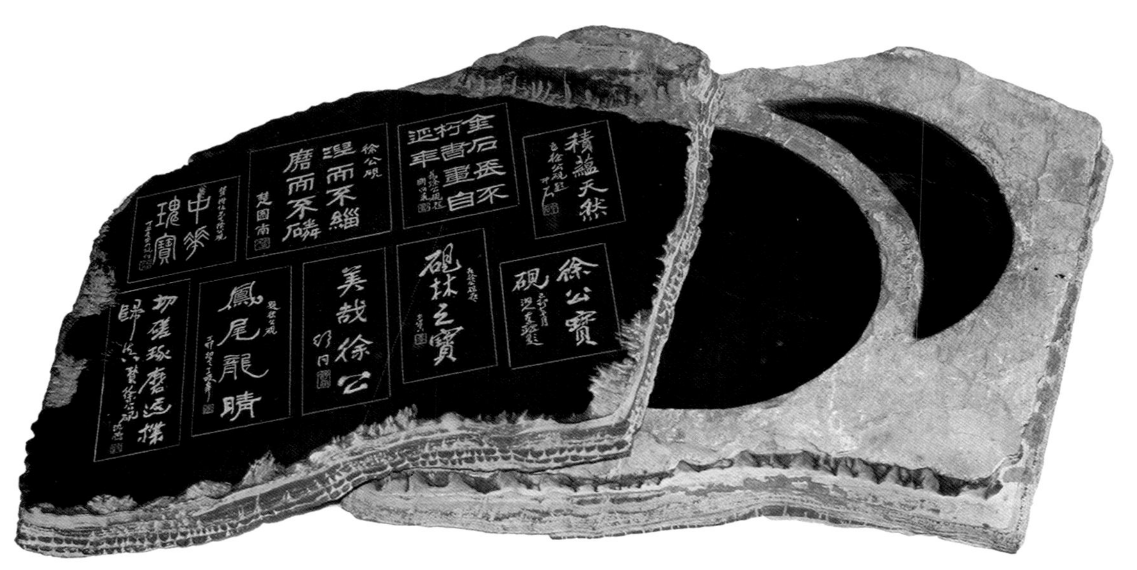

日月石函砚

47cm × 37cm × 7cm

砚作为书写工具，古往今来，不论是凡夫俗子，还是官宦世家，都与之有过亲密接触，对砚的认识自有评论。书法艺术家对砚的评论有更高水准，因而他们的鉴评有更高的权威。作者开发徐公砚 28 年来，凡参加全国砚展和砚评活动，皆邀请书法艺术名家参观指导，恭听他们的宝贵意见。现已经珍藏全国书法名家对徐公砚的题词数百幅。为使其万古长存，常将名家题词镌刻在徐公砚石之上。这种对砚的设计创意，增加了其艺术内涵和观赏、收藏价值。

昂首天外砚

45cm × 48cm × 9cm

释文：

物多车马鸡豕，西子宾来尊酒飨；

农有桑禾渔牧，东野人归乐事同。

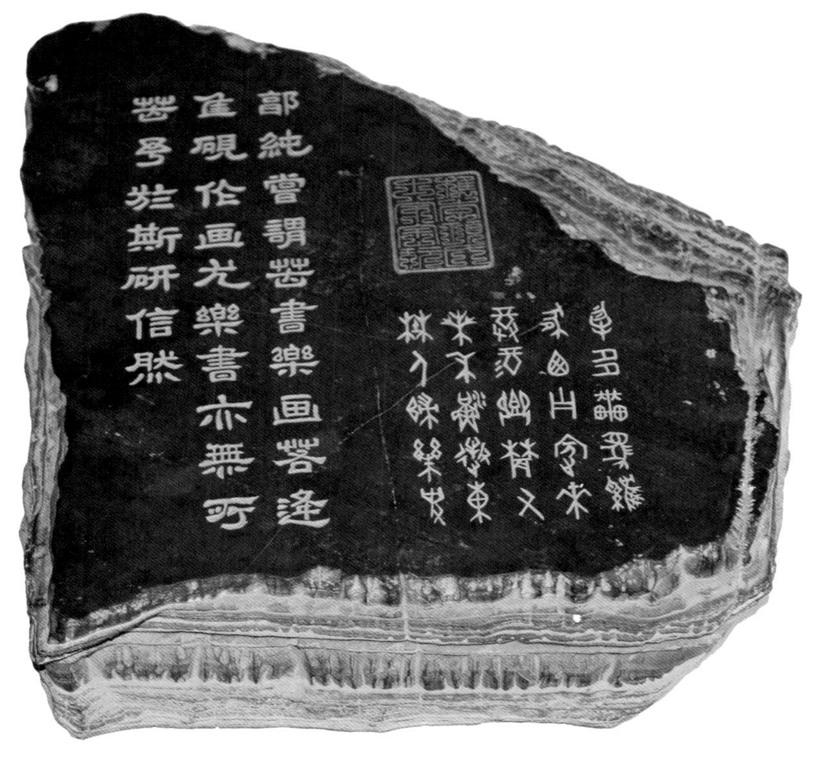

风月无边砚

30cm × 36cm × 7cm

石海流芳砚

50cm × 40cm × 9cm

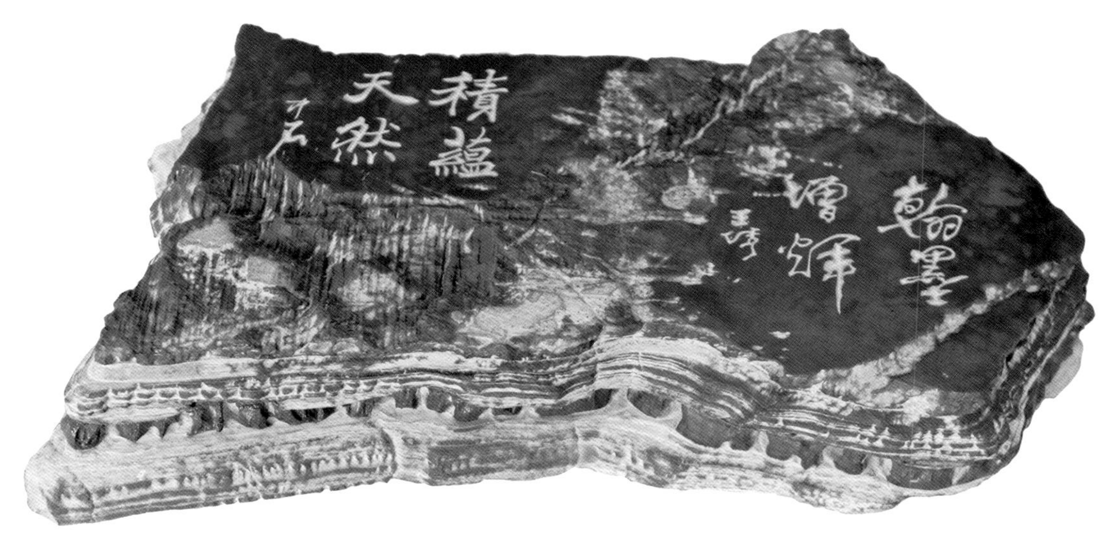

翰墨增辉砚

41cm × 30cm × 5.5cm

翰墨石函砚

53cm×44cm×6cm

山中秋夜砚

25cm × 16cm × 7cm

残碑石函砚

46cm × 38cm × 8cm

南海书法砚

36cm × 17cm × 3cm

释文：

卓荦博群书，敏锐通儒术。骏马骞坡涧，奇思腾文笔。

和扇石函砚
28cm × 21cm × 7cm

集古求真砚

34cm × 32cm × 5.5cm

嵩山草堂砚

35cm × 19cm × 7cm

大汉图腾砚

16cm × 14cm × 6cm

中石题锦砚

26cm × 18cm × 5cm

鸾凤和鸣砚
23cm × 12cm × 6cm

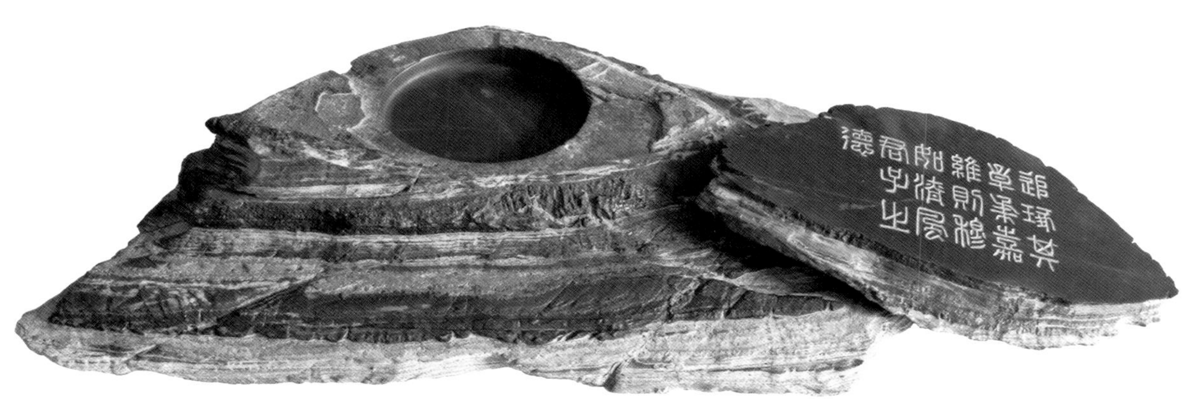

江山如故砚
50cm × 30cm × 9cm

中石书法砚

22cm × 10cm × 6cm

中华瑰宝砚

21cm × 20cm × 7cm

玉润霞光砚

19cm × 13cm × 7cm

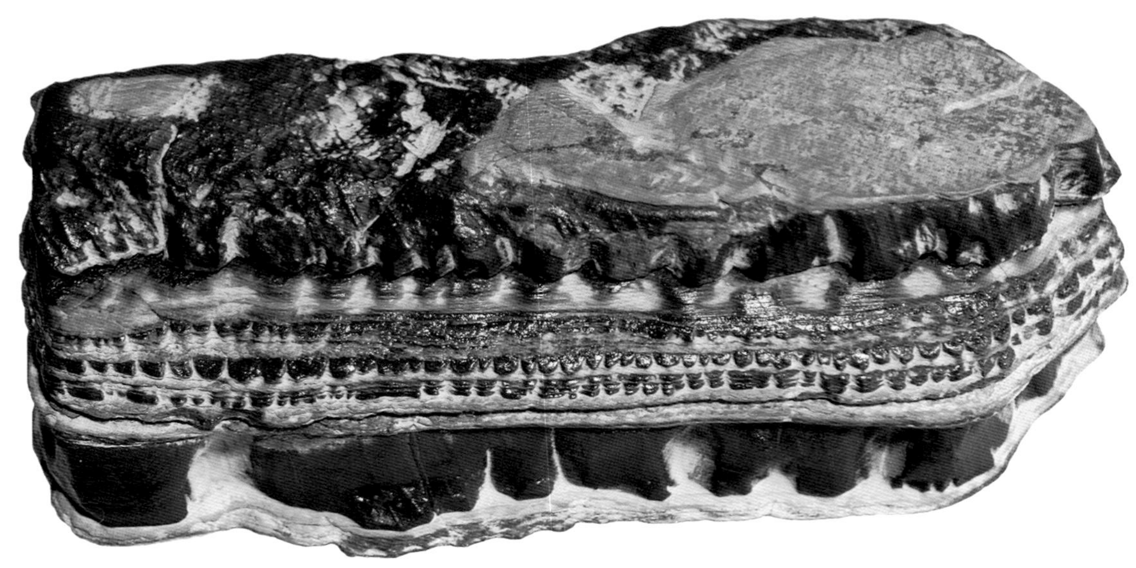

老坑三层砚
20cm × 10cm × 6cm

三开石函砚
37cm × 34cm × 15cm

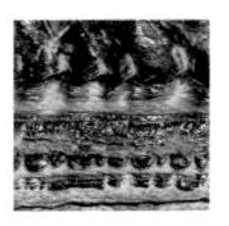

残碑砚系列

残碑砚是徐公砚的一种形式。因徐公砚四周边沿不规整，把一篇完整的砚铭按照自然边痕镌刻，缺失部分空置下来，形成了历经沧桑、遭受自然损坏的一块残碑的效果，这样设计制作的砚台即为残碑砚。其古朴别致，极具怀古情趣。

断碣残碑砚

41cm×24cm×4.3cm

层云叠翠砚
60cm × 33cm × 8cm

汉石残碑砚
37cm × 23cm × 3.5cm

月圆残碑砚
27cm × 17cm × 3cm

玄秘塔碑砚
42cm × 35cm × 6cm

金仲山石砚
26cm × 25cm × 3.5cm

石鼓残碑砚
35cm × 32cm × 3cm

自在峰上砚
45cm × 30cm × 6cm

李和残碑砚
45cm × 30cm × 6cm

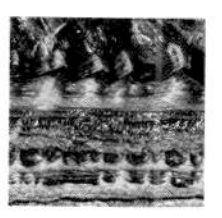

天成砚系列

徐公砚石经数亿年地下水蚀冲刷，自然天成，形态各异，石纹纵横，层层有致，或悬崖峭壁，或叠嶂层峦。徐公砚石聚集了天地之灵气，吸纳日月之精华。齐鲁遗韵，返璞归真，有沂蒙之风骨，留怀古之幽情。制砚师因材施艺，给人以无声之乐、优雅诗篇的美感。徐公砚之型、纹、色各有意境，被誉为中华自然第一砚。

此砚石经清理后，露出其壮观的山石风姿。两个独立山头中间有一沟壑。更奇妙的是在两个山体下部都有一条贯穿的隧洞，充分显示了大自然的鬼斧神工、妙造天成。经反复推敲，把右边较大的山头磨平，做成砚堂，在砚额部位镌刻篆书“穆如清风，君子之德”。左部山头磨平，刻“观远”二字，以体现远眺的意境。对砚体周边经亿万年地下水蚀风化而成的纵横纹理，不做任何修饰，以保留其返璞归真的古朴风貌。此砚荣获 2011 年“鲁砚特等奖”。

锦绣观远砚
42cm × 42cm × 10cm

沟壑纵横砚
62cm × 27cm × 7cm

山峰井田砚
39cm × 60cm × 6.5cm

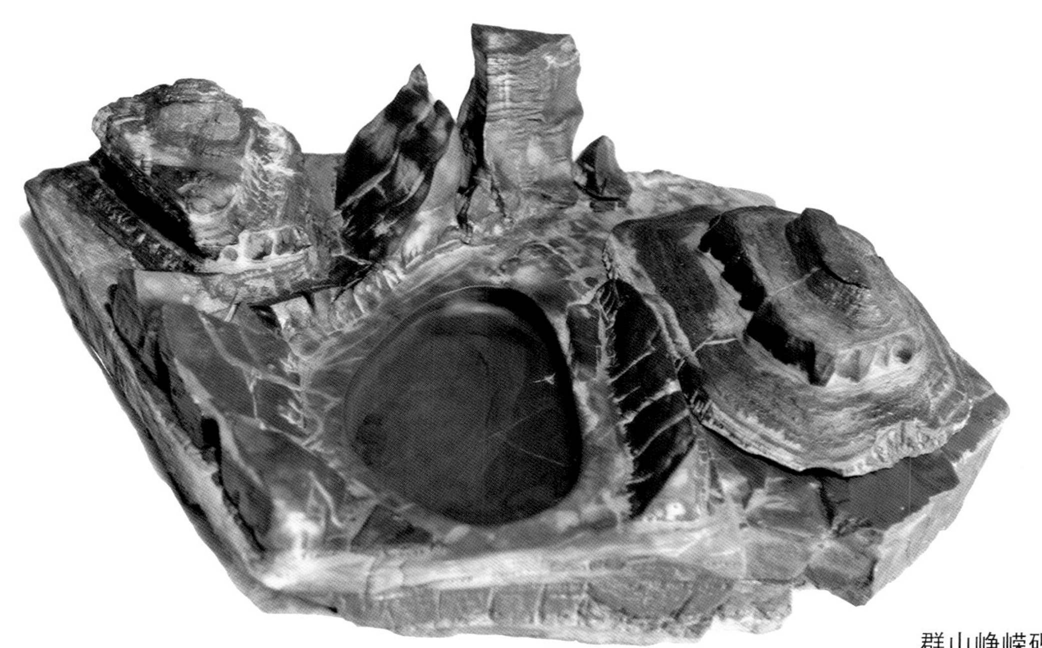

群山峥嵘砚
46cm × 32cm × 12cm

风神秀逸砚
45cm × 35cm × 13cm

墨海神韵砚
36cm × 18cm × 10cm

奇峰云松砚
30cm × 32cm × 20cm

一峰独秀砚
21cm × 16cm × 16cm

双峰插云砚
29cm × 24cm × 13.5cm

三峰叠立砚
30cm × 15cm × 14cm

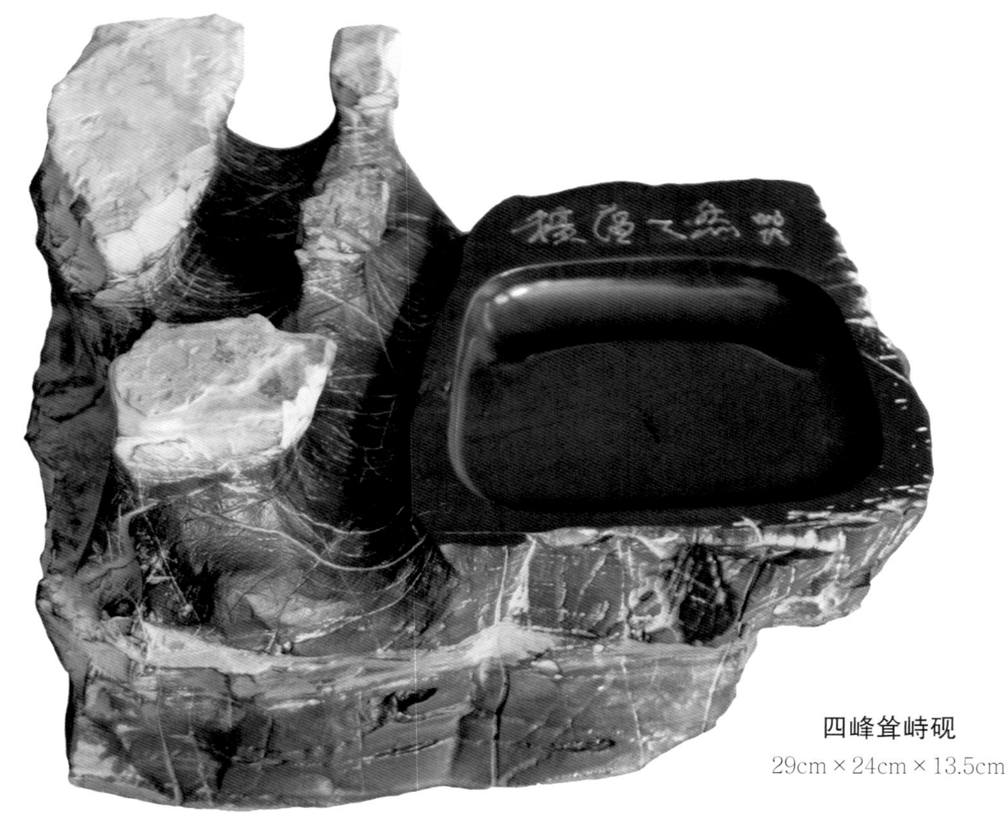

四峰耸峙砚
29cm × 24cm × 13.5cm

五峰屹立砚
40cm × 25cm × 15cm

奇峰双池砚
42cm × 14cm × 12cm

积蕴天然砚

30cm × 30cm × 10cm

高山天池砚

25cm × 18cm × 10cm

山峦环抱砚
40cm × 26cm × 7.5cm

蘑菇化石砚
39cm × 30cm × 7cm

此方砚石开采清理后发现，在砚石的正面有许多自然成型的蘑菇状形体，保留其自然形态，在中间琢一砚堂，自然蘑菇形石围绕砚堂四周，成为一方耐人寻味、天人合一的蘑菇砚，体现了大自然鬼斧神工之奥妙。

古蟾化石砚
27cm × 24cm × 5.5cm

沟壑天然砚
45cm × 32cm × 5cm

山峦起伏砚
60cm × 38cm × 10cm

天成蓄墨砚
20cm × 11cm × 7cm

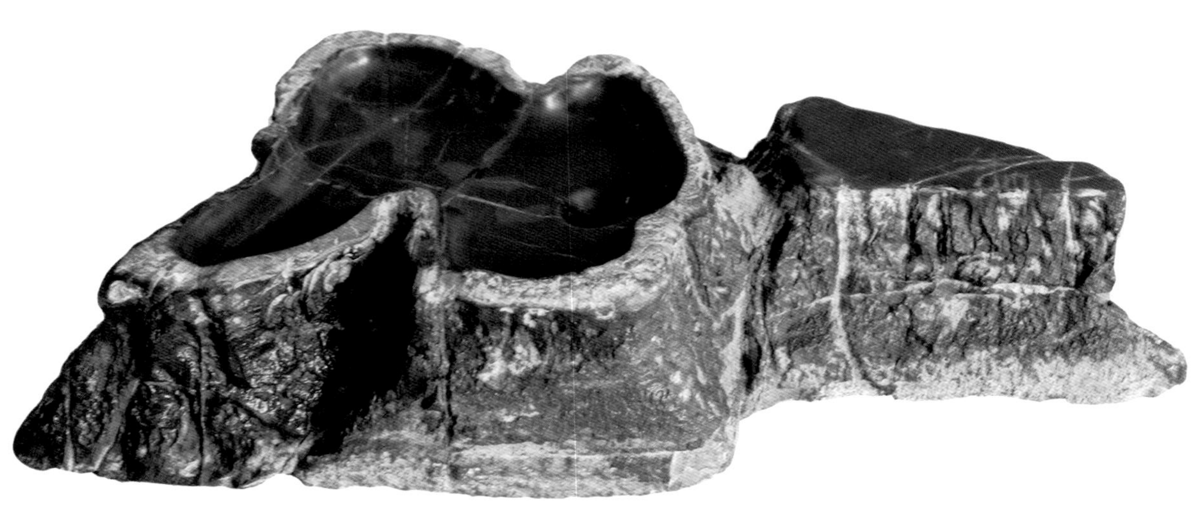

高台天池砚
35cm × 20cm × 7cm

绚丽多彩砚
35cm × 28cm × 6cm

蛛网天织砚
32cm × 16cm × 5cm

石谷天然砚
32cm × 30cm × 9cm

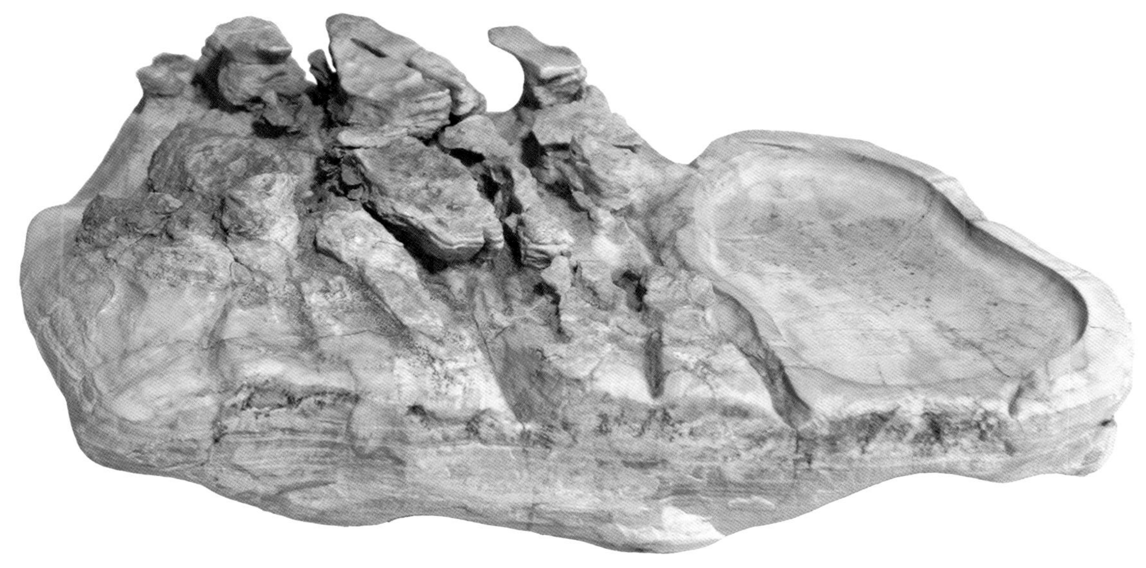

冰山一角砚
41cm × 26cm × 11cm

山冈雪融砚
44cm × 31cm × 5cm

飞奔石兽砚
16.5cm × 11cm × 7cm

龟驼奇石砚
24cm × 14.5cm × 11cm

凤尾龙睛砚
36cm × 34cm × 5cm

惠风和畅砚
26cm × 28cm × 4cm

琴心剑胆砚
42cm × 15cm × 5cm

曲颈天歌砚
32cm × 20cm × 4.5cm

平生守砚
36cm × 27cm × 8cm

书画延年砚

57cm × 30cm × 6cm

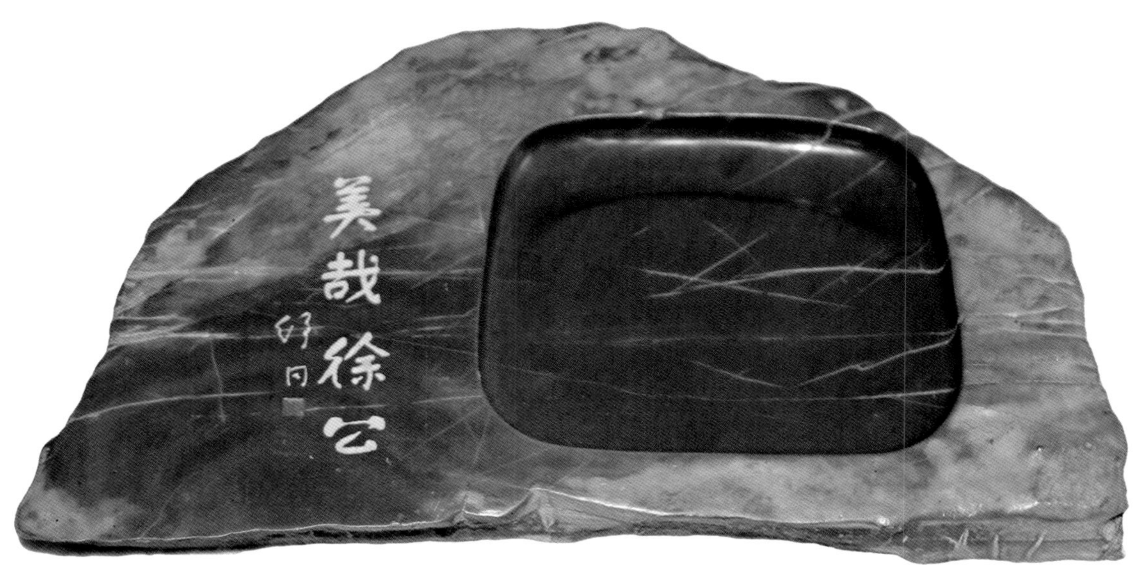

美哉徐公砚
30cm × 20cm × 4cm

与天无极砚
40cm × 29cm × 4.5cm

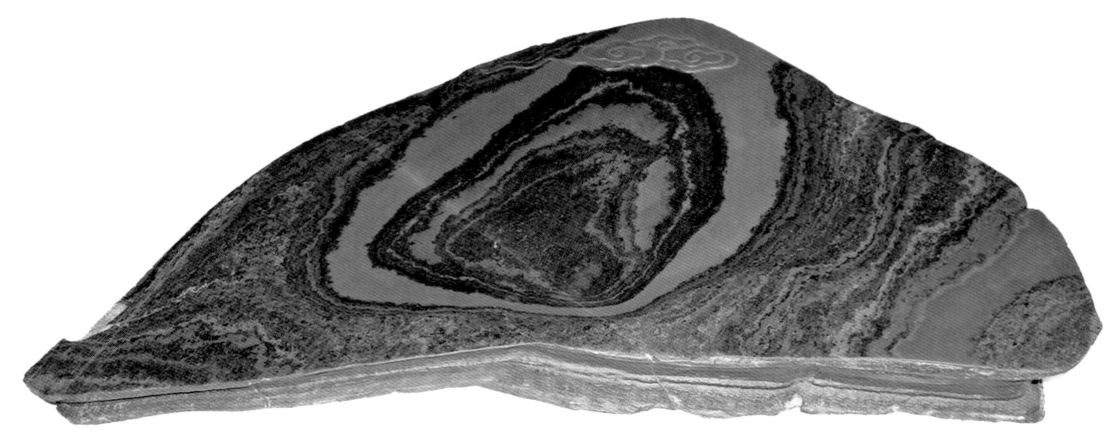

绚丽石纹砚
66cm × 33cm × 4cm

多彩祥云砚
55cm × 40cm × 4.5cm

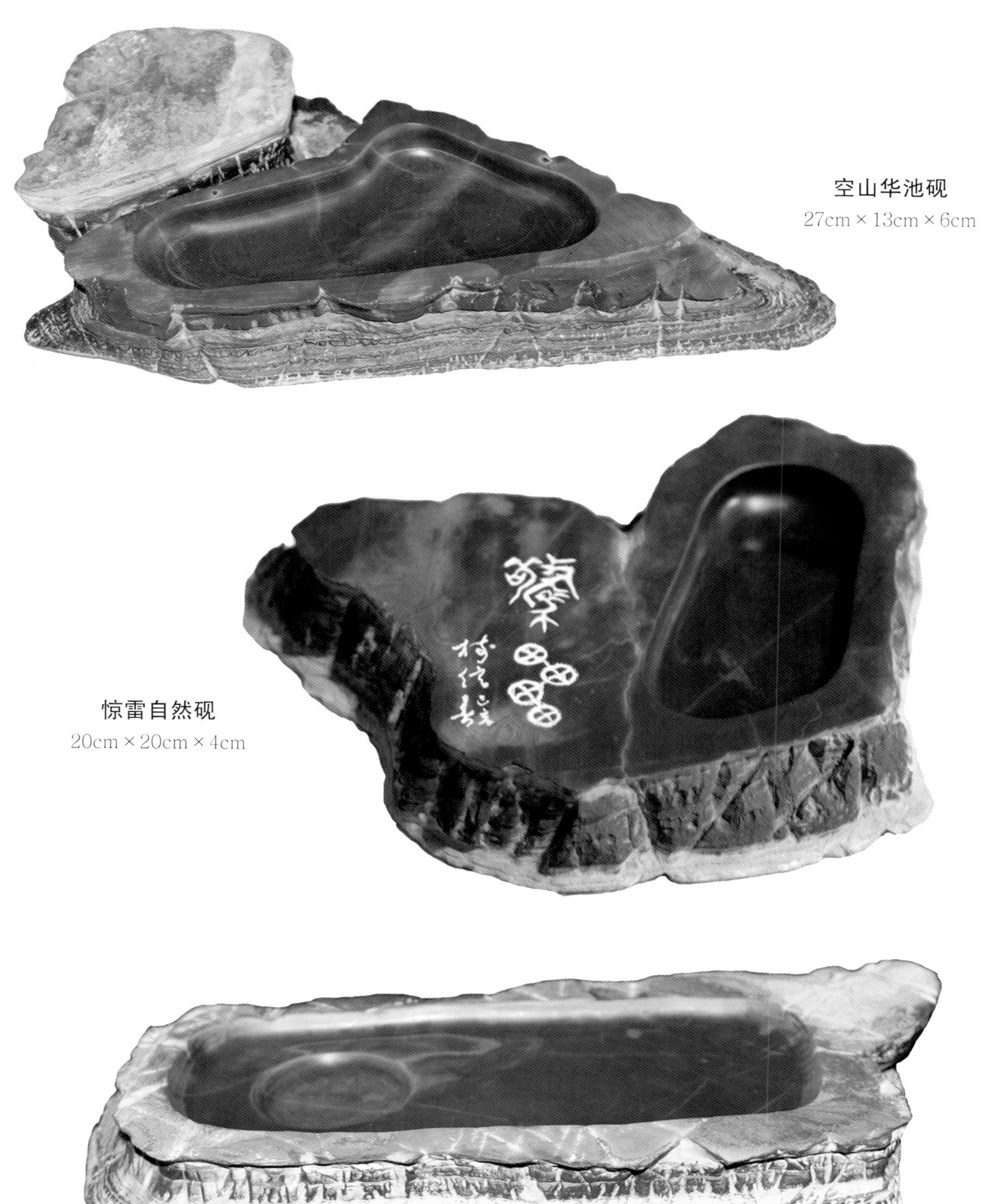

空山华池砚
27cm × 13cm × 6cm

惊雷自然砚
20cm × 20cm × 4cm

石乳天成砚
35cm × 18cm × 9cm

汉图腾石砚
32cm × 10cm × 4.5cm

山地起伏砚
24cm × 21cm × 4cm

飞鸟翱翔砚
33cm × 25cm × 5cm

千年古韵砚
31cm × 28cm × 5.5cm

层峦叠嶂砚
40cm × 26cm × 8cm

雄鹰展翅砚
43cm × 19cm × 25cm

天池一弧砚
27cm × 15cm × 5cm

卧守天廷砚
33cm × 22cm × 4cm

天际云海砚
37cm × 30cm × 8cm

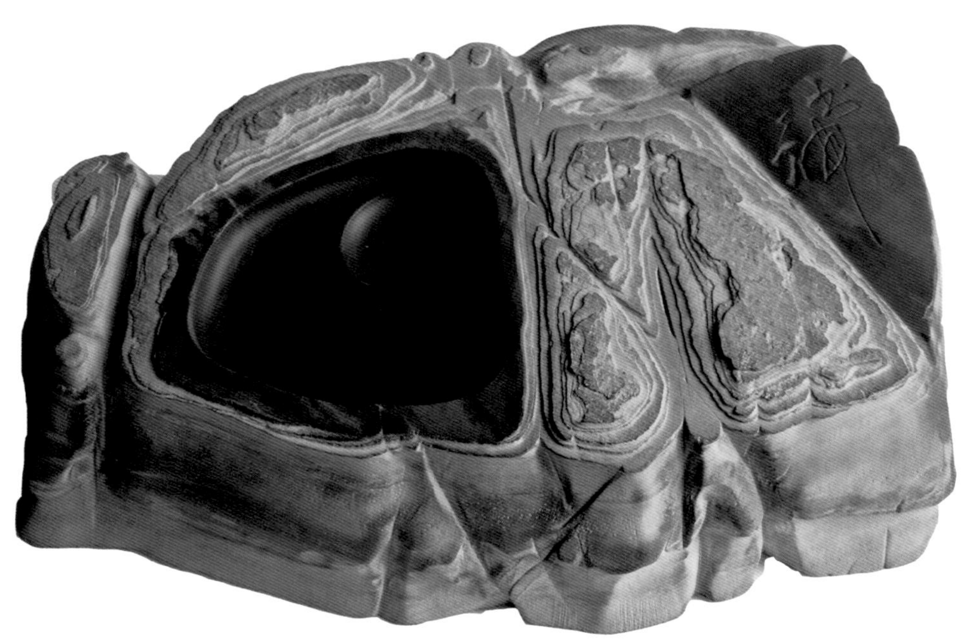

山巅书神砚
34cm × 22cm × 18.5cm

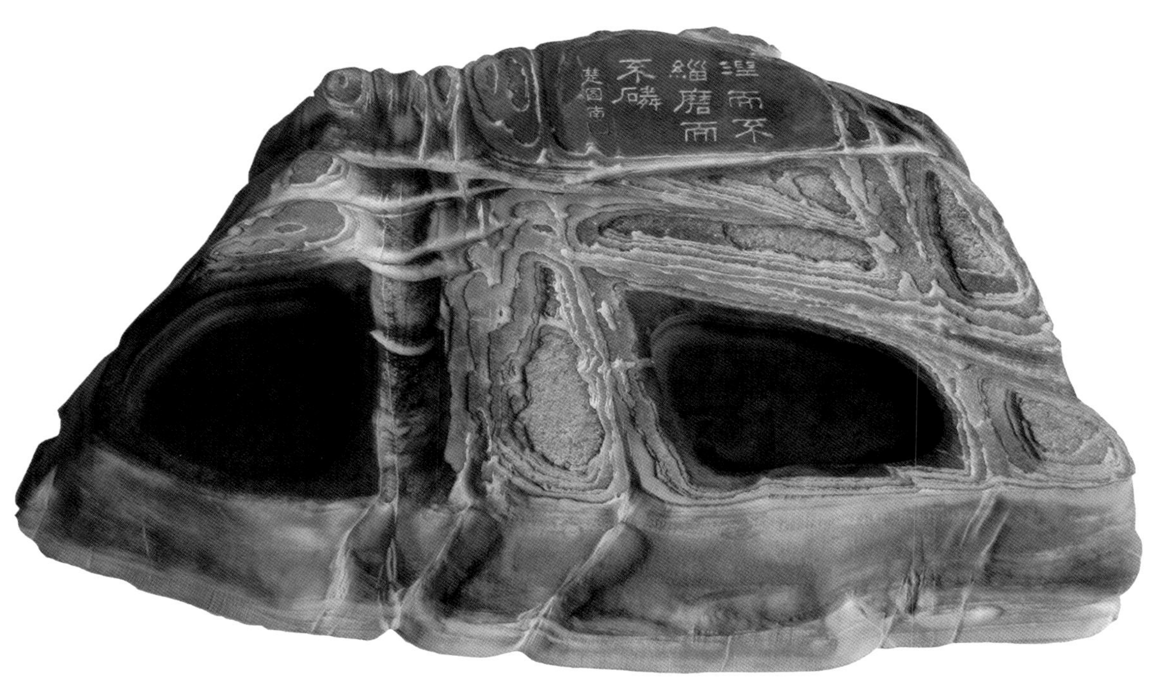

行云流水砚
33cm × 26cm × 5cm

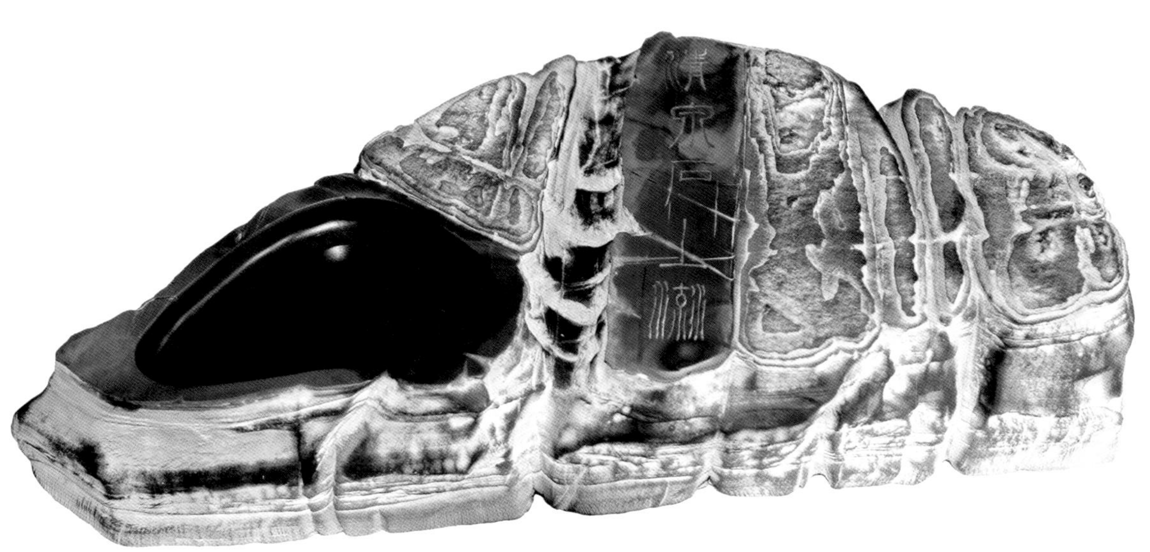

山泉墨声砚
37cm × 19cm × 7cm

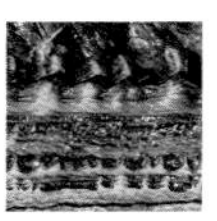

龙腾砚系列

龙是国人心目中的吉祥之物，后被据为天子的图腾，具有高贵神秘的气质，也是我们民族由来已久的传统标志，千百年来受到历代人们的尊崇。延续传统文化中龙的图案，用到砚雕中，制作成神龙砚，是徐公砚雕刻工艺的品类之一。

依据砚石的形状，设计单龙或双龙戏珠于砚面之上。用半透雕的刀法进行精雕，将表现蛟龙智慧的前额、显示威严的龙眼、表现勇猛的龙爪、象征长寿的龙角和表现龙之矫健的龙身，以尽显龙的雄浑及气吞山河的气势。用祥云衬托在砚堂的周围，云朵或聚、或散、或虚、或实，似双龙于海涛云层之间腾跃翻转，集智慧、威严、雄浑、勇猛为一体。对砚石四周积蕴天然的纵横纹理不作任何雕饰，让收藏者观其砚，尽享亿万年大自然鬼斧神工之妙趣。

龙凤呈祥砚

45cm × 34cm × 4.2cm

云起龙骧砚
65cm × 55cm × 11cm

龙吐天浆砚
38cm × 32cm × 8cm

砚的设计要追求内在美，达到天人合一。大自然赋予的特点，正是徐公砚石的独特所在。在此方砚石的设计中，针对其中间部位的黄色气雾状石彩，在其上部雕刻盘旋龙体，龙首部位对正其石色变化，即出现了龙吐天浆的特异效果。

一代天骄砚
80cm × 39cm × 19cm

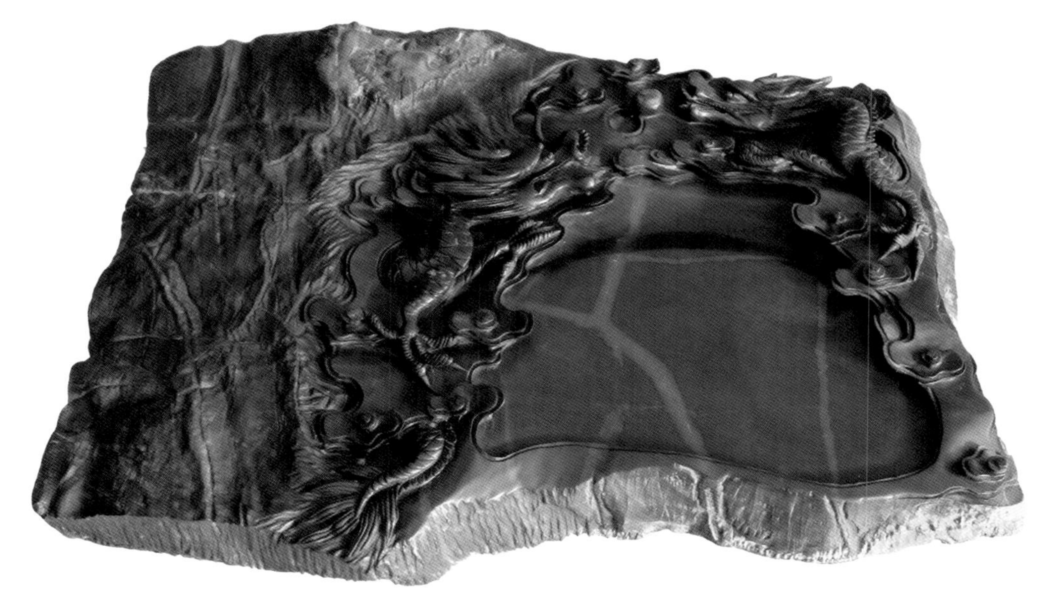

气势如虹砚
51cm × 38cm × 5cm

二龙戏珠砚
39cm × 35cm × 7cm

三龙竞珠砚
53cm × 41cm × 10cm

气贯长虹砚
50cm × 26cm × 12cm

黄河龙腾砚
55cm × 39cm × 9cm

龙喷吉祥砚
57cm × 45cm × 5cm

金龙献瑞砚
54cm × 45cm × 8cm

蛟龙腾飞砚
49cm × 45cm × 10cm

蛟龙戏珠砚
63cm × 39cm × 7cm

青龙出海砚
45cm × 16cm × 7cm

中华龙腾砚
45cm × 34cm × 7cm

蛟龙得雨砚
42cm × 23cm × 7cm

祥龙瑞气砚
42cm × 19cm × 7cm

龙骧凤矫砚
50cm × 32cm × 5cm

玉龙献瑞砚
61cm × 48cm × 8cm

龙生云海砚
43cm × 41cm × 3.5cm

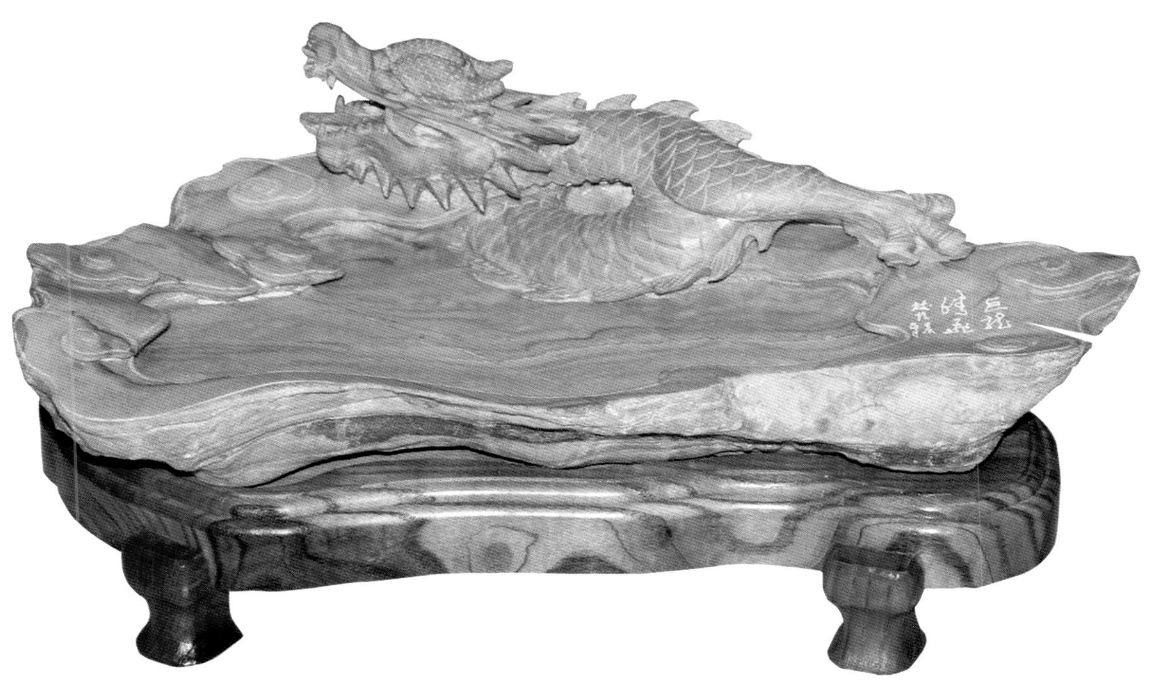

玉龙腾飞砚
49cm × 35cm × 15cm

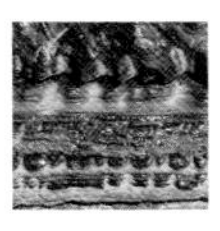

古币砚系列

在此方砚石造型独特的基础上，中间部位确定砚堂位置，四周雕刻历代钱币。雕刻的古币有的残缺、有的完整、有的重叠、有的半遮半露，好似地下出土的古币宝藏。砚堂为大圆形古币状，形成了一方古币通宝砚。

古币通宝砚
45cm × 38cm × 10cm

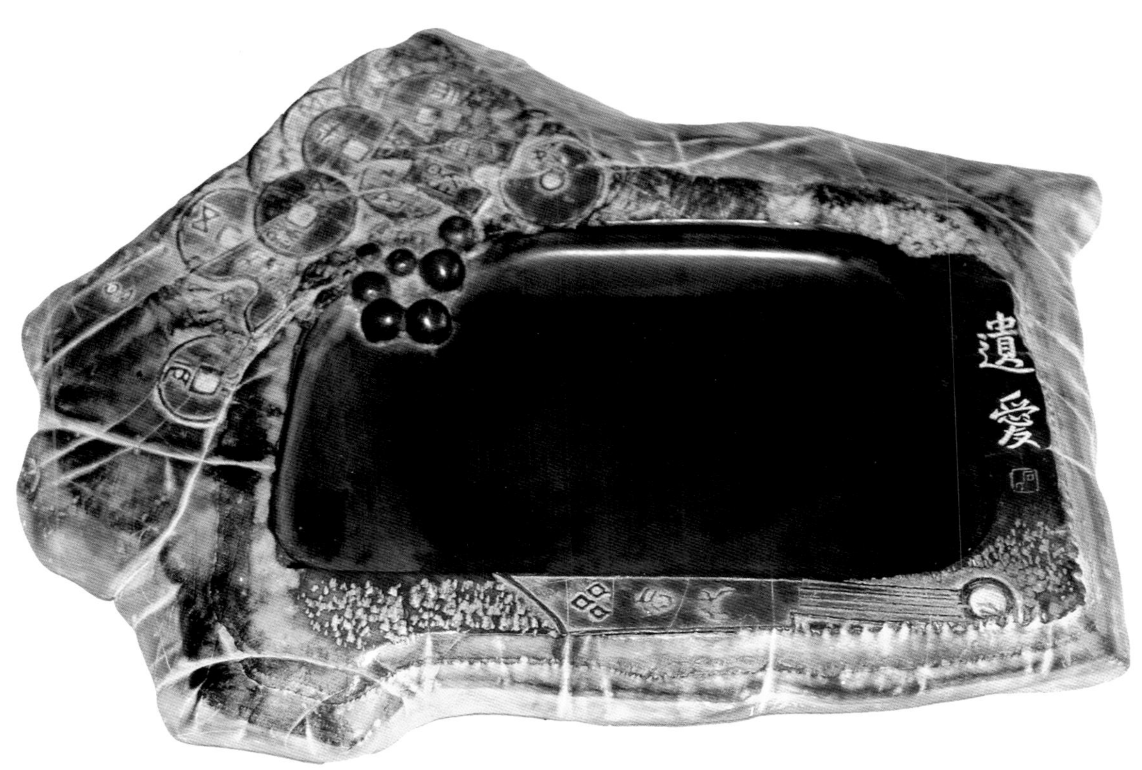

古币遗爱砚
35cm × 28cm × 5cm

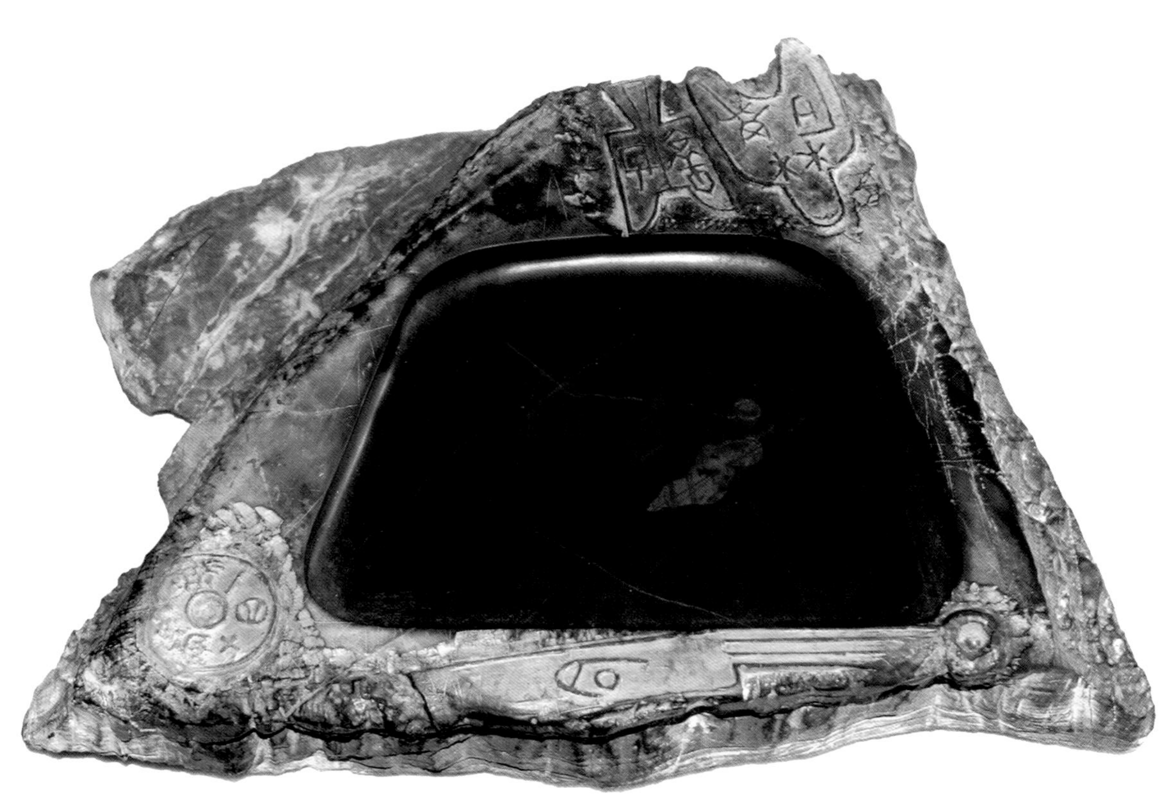

天下太平砚
32cm×23cm×7cm

古币墨香砚
40cm × 20cm × 5cm

刀币双池砚
35cm × 16cm × 4cm

钟形古币砚
47cm × 36cm × 8cm

葫芦字钱砚
50cm × 40cm × 4.5cm

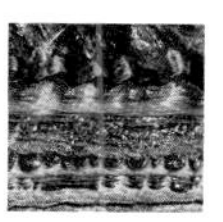

山水砚系列

一拳之石见岱岳，一勺之水显沧海；方寸之石闻涛声，砚缘之情终不怠。有的砚石呈高山峻岭、层峦叠嶂，在此基础上镌刻溪流飞瀑、茅檐亭阁、古松丛林、小桥流水人家。磨平砚堂，绚丽石纹跃然眼前，似波光粼粼的一潭湖水。在砚池右下方刻一叶扁舟停泊在岸边，以突现砚面山水的动景、静景、远景、近景，交错映现，古朴自然，颇为壮观，使人赏心悦目，进入诗情画意佳境。

江山多娇砚

62cm × 37cm × 8cm

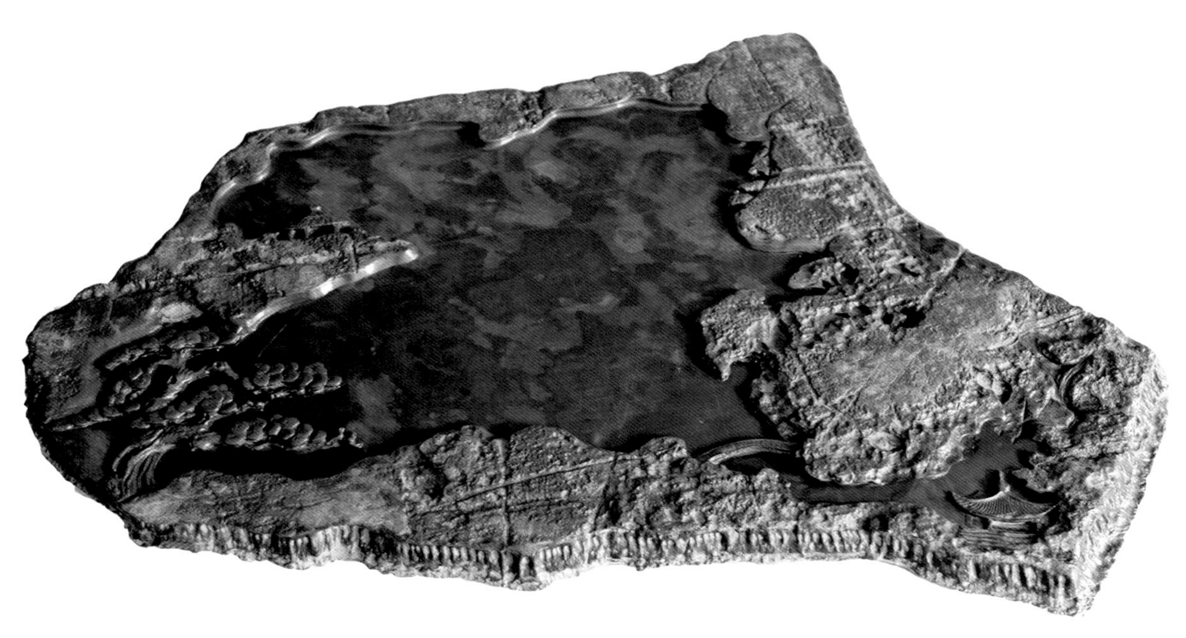

星湖金秋砚
80cm × 58cm × 3cm

此方砚石表面基本平整，但略有高低层次，显示了历经沧桑、风雨变幻的痕迹。经过构思确定随形做一方山水砚。砚石表面呈黄褐色，有金秋美景之感，故命名“星湖金秋砚”。

此砚石纹雅致、石彩绚丽、石质细腻、温如良玉、立意高雅、古朴原始之美跃然砚面之上，实为收藏之珍品，传世之佳作。

湖光山色砚
72cm × 45cm × 8cm

锦绣山河砚
75cm × 52cm × 28cm

洞庭金秋砚
40cm × 29cm × 5cm

平湖秋色砚
40cm × 34cm × 6.5cm

月隐古松砚
41cm × 27cm × 9cm

湖山胜景砚
53cm × 40cm × 4.5cm

苍松皓月砚
65cm × 34cm × 6cm

枫桥夜泊砚
60cm × 44cm × 11cm

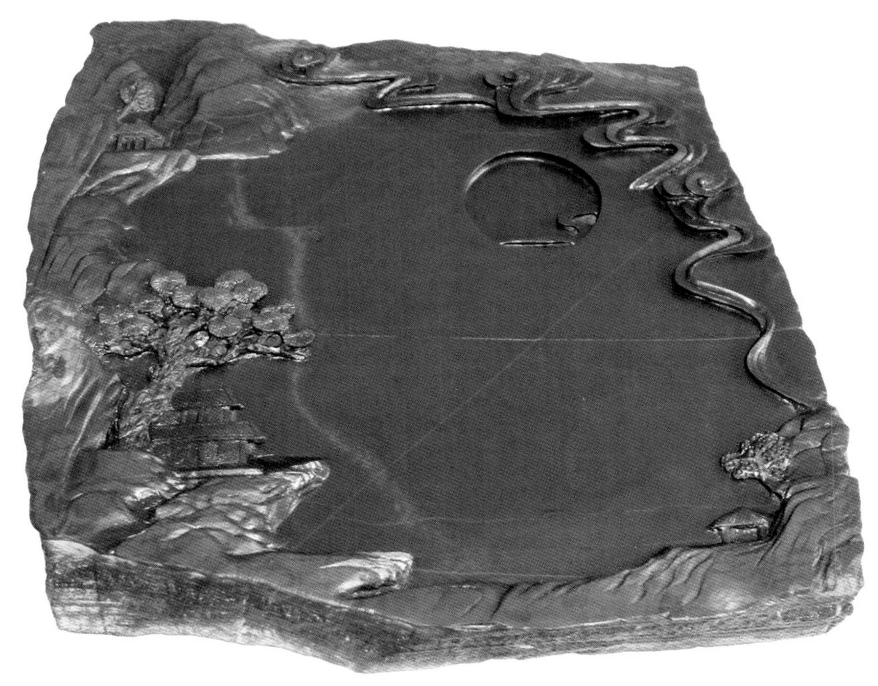

北湖秋色砚
40cm × 38cm × 3.5cm

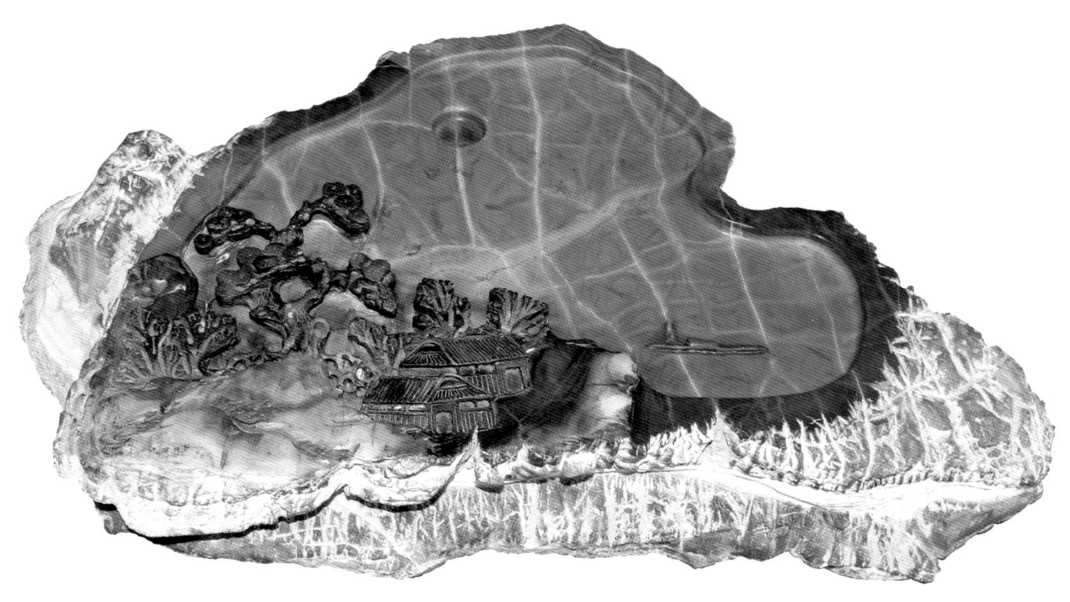

林寒涧肃砚
60cm × 39cm × 11cm

水天一色砚
45cm × 26cm × 4cm

平湖轻舟砚
65cm × 35cm × 9cm

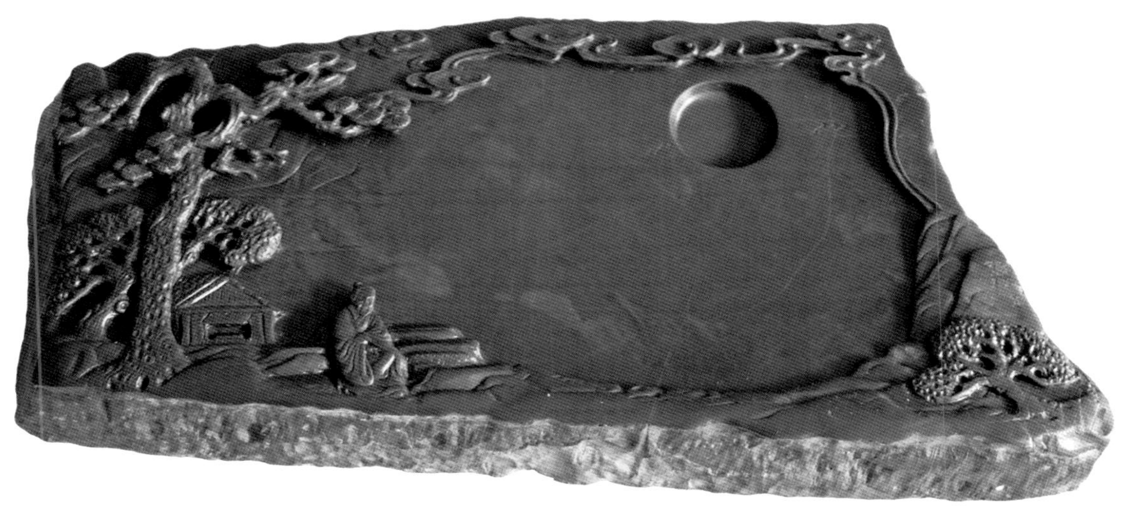

世外桃源砚

41cm × 21cm × 4cm

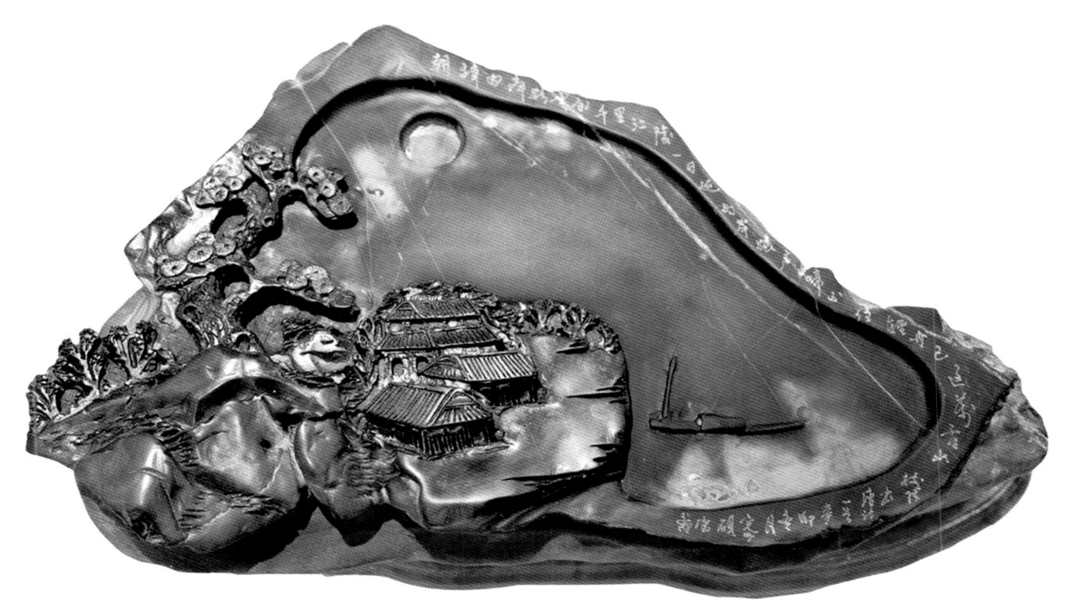

月下轻舟砚

48cm × 35cm × 6cm

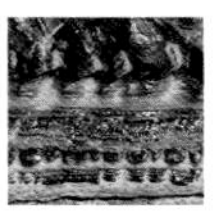

梅花砚系列

梅花砚是徐公砚的传统雕刻艺术品类之一。元代王冕有《墨梅》诗一首："我家洗砚池边树，朵朵花开淡墨痕。不要人夸好颜色，只留清气满乾坤。"如此意境，也是徐公砚的追求。在积蕴天然的砚石上，开一圆形砚池，一枝梅干苍劲挺秀，屈曲横陈于砚池之上，枝梢清健。新枝疏花，似有暗香浮动；花蕾清秀，仿佛凌寒勃发。虽梅花一枝，却依循着干曲、花疏、枝斜的美学标准。徐公砚之梅花砚常常只是展现几朵梅花，花与蕾疏密相间，极度强化了画面的美感，呈现出老梅绽放新花的神韵。

暗香疏影砚

36cm × 35cm × 3.5cm

寒梅迎春砚
40cm × 38cm × 6.5cm

寒梅独秀砚
34cm × 27cm × 9cm

一枝独秀砚
23cm × 18cm × 7cm

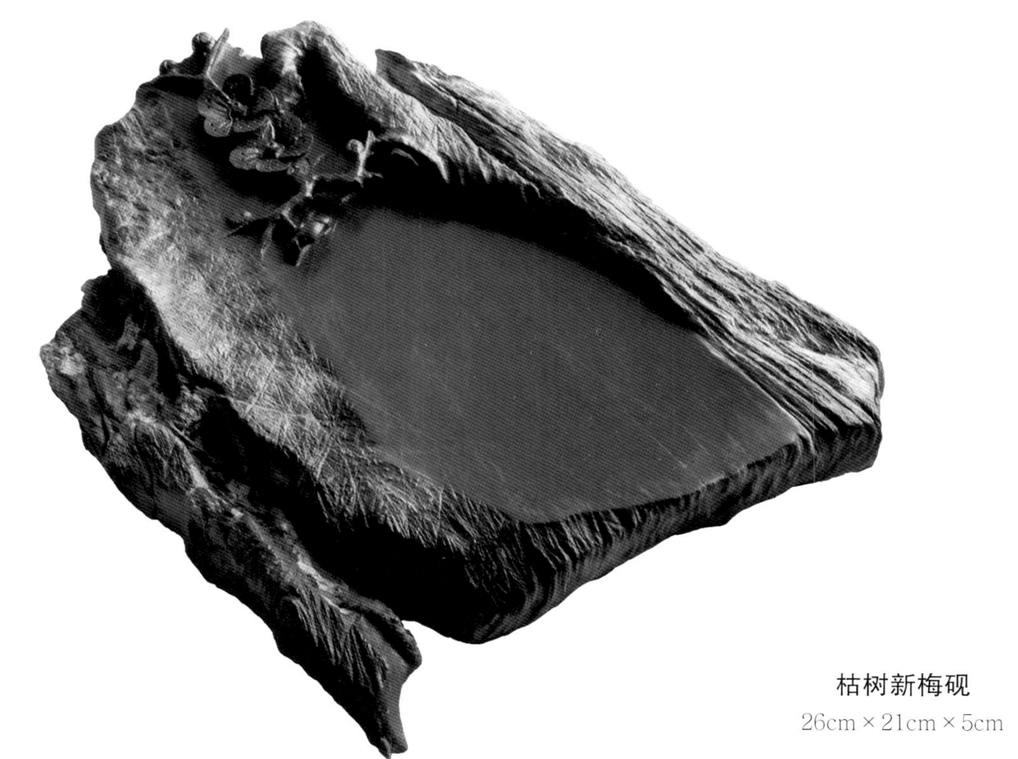

枯树新梅砚
26cm × 21cm × 5cm

寒梅芳菲砚
46cm × 31cm × 10cm

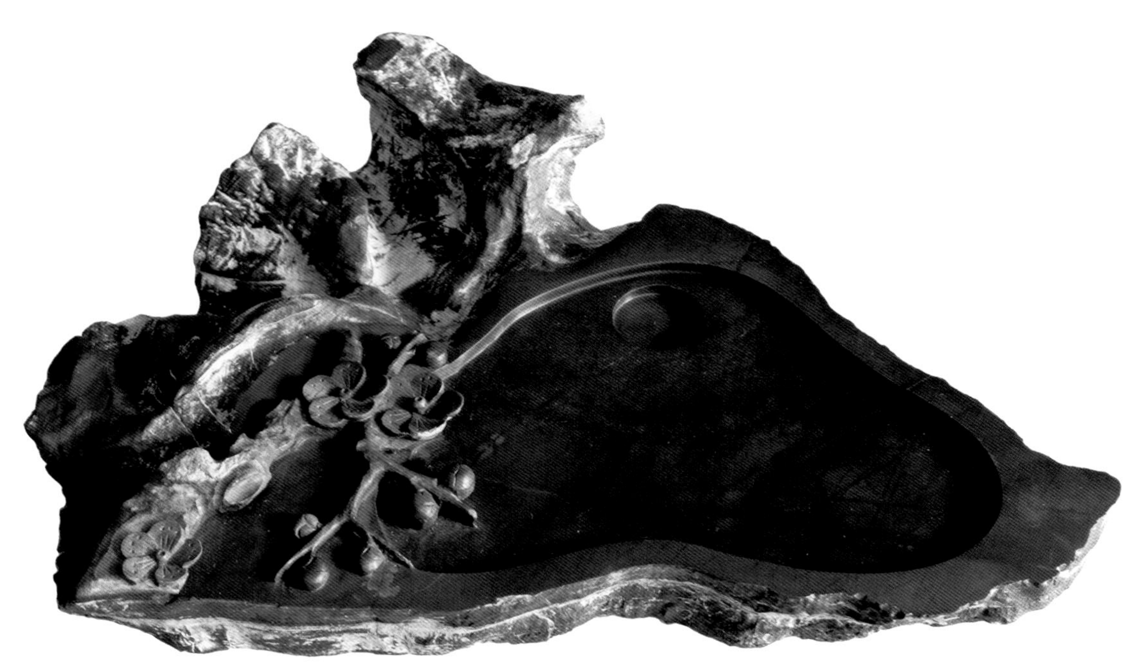

红梅傲春砚
43cm×34cm×6cm

月照梅香砚
32cm×25cm×9cm

梅香如故砚
70cm × 30cm × 9cm

红梅迎春砚
40cm × 31cm × 6cm

踏雪寻梅砚
40cm×31cm×6cm

明梅傲雪砚
32cm×25cm×9cm

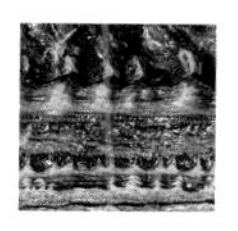

鸣蝉砚系列

徐公砚造型独特，形态各异，但作为实用功能为主体的砚堂，在砚的设计制作时首先考虑砚堂占砚面的主要位置。此砚石四周纹理酷似嶙峋的古树，在砚的外侧刻以枝干树叶，好似古树新枝，一只鸣蝉附于其上。观此砚，可以联想到一场新雨之后，斜挂的夕阳任意在林梢涂抹云霞，云蒸霞蔚，颇是一种久违的璀璨，鸣蝉突然清亮，高高低低，平平仄仄，韵味悠长，别有一番意境。此砚砚堂储墨量大，可任意泼墨挥毫，且可尽享蝉砚的自然之美和工艺雕琢之美。正可谓室无砚不雅，案无砚不精，显示了主人爱砚、赏砚的儒雅之气。

新枝蝉鸣砚

36cm × 34cm × 6.5cm

枯树新枝砚
38cm × 31cm × 4.5cm

山地鸣蝉砚
46cm × 20cm × 8cm

清风蝉鸣砚
42cm × 20cm × 5cm

翠隐鸣蝉砚
30cm × 23cm × 8cm

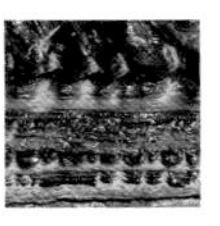

荷叶砚系列

借用莲叶的谐音——“廉”，有出淤泥而不染之意，意义深远，富有艺术气息。砚池周边所雕刻荷叶，反转至砚背，刻龟隐于荷叶莲蓬之间，造型写实，九只小龟有的露头、有的露尾，半隐半现，生动有趣。荷叶叶边转折妥帖，与主题相呼应，富有大自然的生趣。砚堂内石纹清晰，纵横交错，色彩纷呈，展现了徐公砚的自然特色。

九龟荷叶砚

52cm × 54cm × 6cm

出水芙蓉砚
61cm × 33cm × 5.5cm

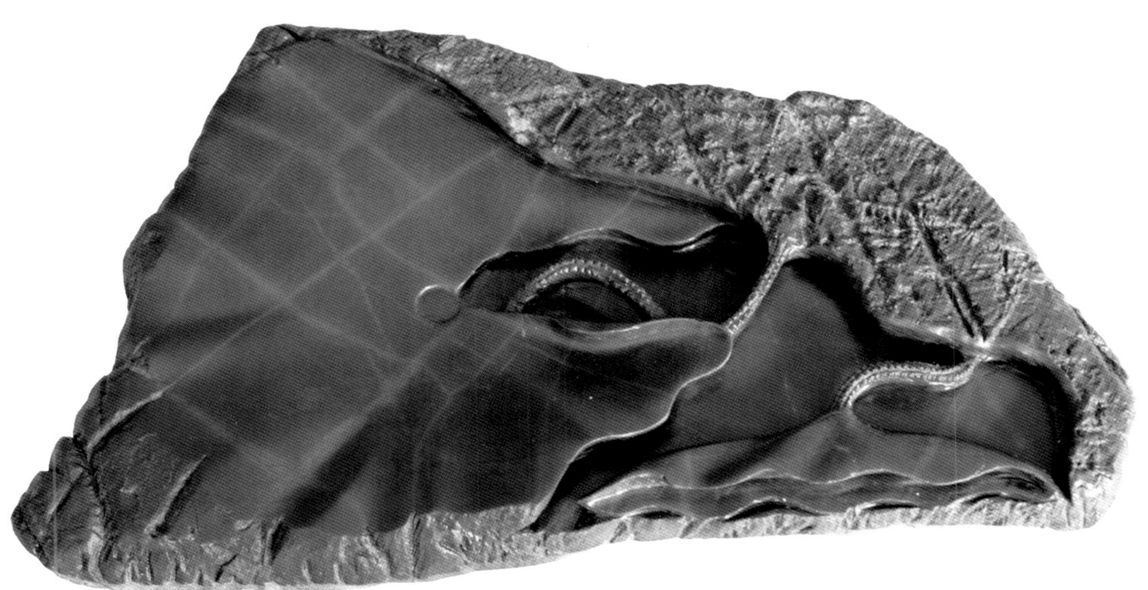

过雨荷香砚
47cm × 33cm × 4cm

湖上龟荷砚
56cm × 26cm × 0.7cm

龟戏卷荷砚
51cm × 24cm × 7cm

秋水芙蓉砚
64cm × 49cm × 8cm

蛙鸣残荷砚
48cm × 27cm × 7cm

莲开并蒂砚
40cm × 25cm × 5cm

龟荷长寿砚
45cm × 26cm × 8cm

荷塘月色砚
46cm × 35cm × 6cm

接天碧荷砚
52cm × 39cm × 6cm

满堂碧荷砚
64cm×60cm×8cm

石生墨荷砚
60cm×52cm×10cm

叶下听雨砚
24cm × 12cm × 6cm

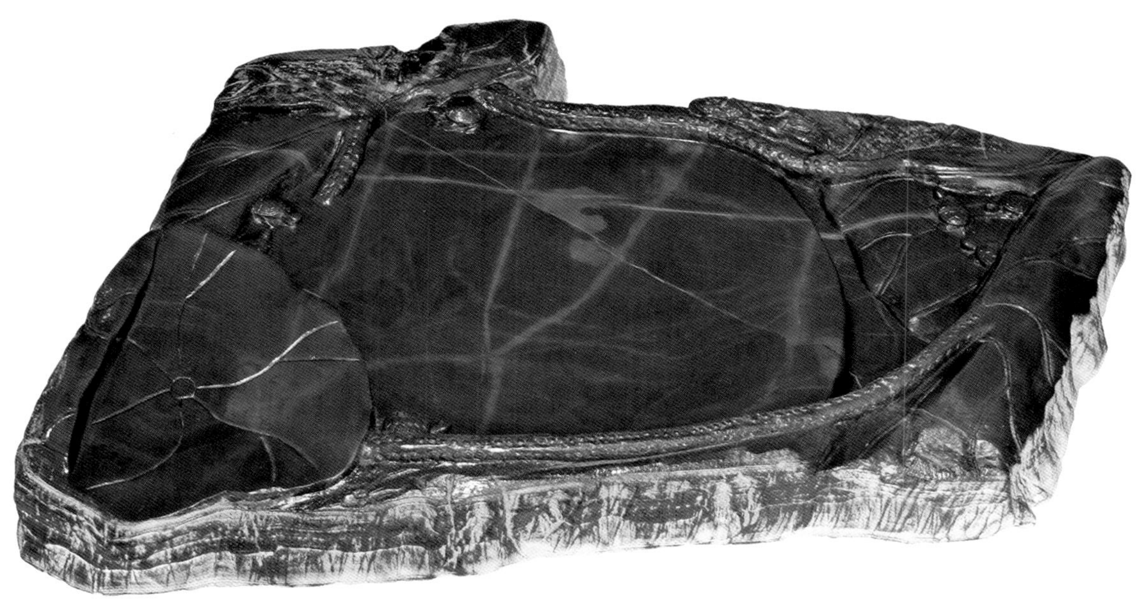

雨润荷莲砚
43cm × 32cm × 5cm

映日荷叶砚
81cm × 52cm × 6cm

碧荷幽泉砚
80cm × 55cm × 6cm

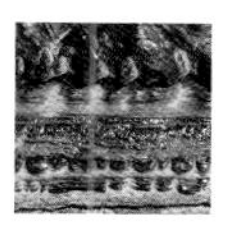

卧牛砚系列

徐公砚石的产地——沂南县徐公店村，位于沂蒙山区。1994 年作者跟随山东省委省工商联到该地进行扶贫考察时，该村庄房屋由石块砌垒，树下黄牛栖息，小牛在周围奔跑嬉戏，真是一片美丽的乡土景象。制砚师把牛的题材引用到砚的雕刻之中，并结合黄牛与水牛的不同习性，进行艺术加工，分别予以表现，形成独特的徐公砚特有的卧牛砚系列。观赏卧牛砚，可见有的栖息在土岗上，有的栖息在水塘里，在砚的画面上可以看出水牛和黄牛外形和习性的区别，有的全身展露，有的隐现在芭蕉叶中，别有一番乡土生趣。

塘栖五牛砚
60cm × 48cm × 8cm

黄土高坡砚
27cm × 25cm × 8cm

此方砚石呈黄褐色，上方呈山冈状。根据这方砚石的特点，构思制作了这方卧牛砚。在砚石右下部开一砚池，砚池呈绛黄色有褐纹。砚池的左上部雕一卧牛，好似黄牛在黄土高坡下、河塘边休憩。着力表现出砚台的古朴和浓厚的乡土气息。赏此砚，犹如置身于沟壑纵横、墚峁交织的黄土高原之上，耳边又回响起那首震撼了一代人心灵的歌曲《黄土高坡》。

江南卧牛砚
32cm × 32cm × 8cm

芭蕉卧牛砚
55cm × 35cm × 8cm

高冈卧牛砚
47cm × 25cm × 13cm

池塘避暑砚
32cm × 25cm × 6.5cm

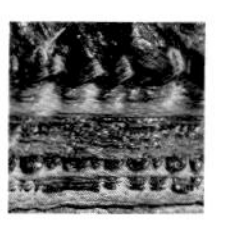

竹砚系列

汉宫竹简砚
34cm × 15cm × 5cm

清华竹简砚
40cm × 21cm × 4.5cm

高风亮节砚
35cm × 23cm × 4.5cm

清风翠竹砚
40cm × 31cm × 3cm

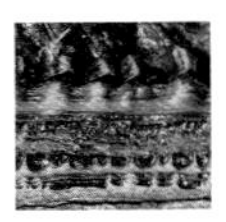

田园砚系列

金秋芭蕉砚
40cm × 30cm × 5cm

蕉林田园砚
31cm × 25cm × 3.5cm

瓜田金秋砚
44cm × 25cm × 7cm

田园悠歌砚
28cm × 26cm × 11cm

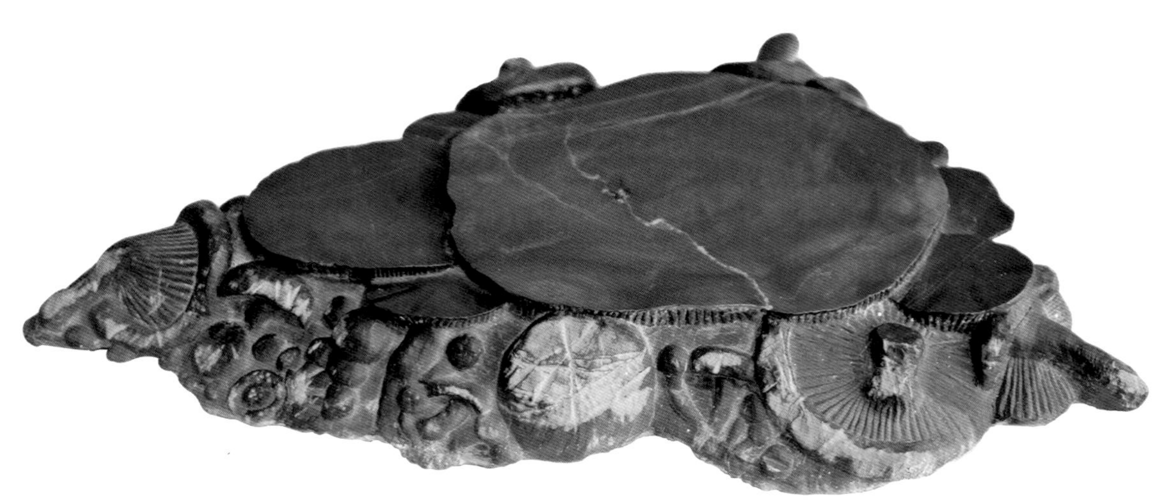

山野清趣砚
52cm × 40cm × 7cm

蘑菇随形砚
50cm × 43cm × 9cm

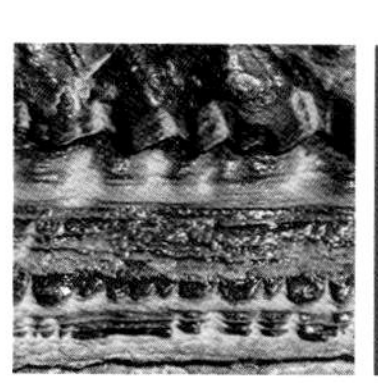

四、弘扬传承

为了使徐公砚的艺术内涵广为人知，提高其知名度，作者先后携徐公砚参加了在北京美术馆举办的全国名砚大展，全国工商联经贸洽谈展览会，北京首都艺术博览会，中国文房四宝协会在北京民族文化宫、北京展览馆举办的历届艺术博览会，历届山东文化产业博览会，国际（杭州）传统工艺技术博览会，中国（深圳）国际文化产业博览会，以及第二届中国画节、首届中国（天津）书法艺术节展出了徐公砚精品；另外还在北京皇史宬、北京报国寺、济南荣宝斋举办了“徐公砚精品展”。

2000年以后，作者多次应邀在高校发表“砚与中国传统文化”的演讲；2015年应邀参加了博鳌高层文化论坛，为弘扬和助推徐公砚文化的发展发挥了积极作用。

盛誉之下 砚已远播

——徐公砚在各地参展

1994 年携徐公砚参加在中国美术馆举办的首届全国名砚大展

为了增加徐公砚的知名度，让全国各地的砚石爱好者全面了解徐公砚、欣赏徐公砚，作者自 1994 年开发徐公砚起，一直行走在路上。一方面坚持提高徐公砚的艺术内涵，让中国的传统文化——诗、书、画、印与徐公砚融为一体，增加其观赏性；另一方面，不停地参加中国文房四宝艺术博览会和在各地举办的全国性文化艺术博览会，除了每年参加在北京的展出，还先后到天津、上海、南京、成都、杭州、武汉、西安、太原、湖州、沈阳、深圳、济南等地进行展出，增加了徐公砚的知名度，其艺术内涵和砚石特点，深受广大砚石爱好者和收藏家的喜爱。徐公砚在全国名砚鉴评中多次获奖，两次荣获“国之宝”证书，获得了高度赞评。

在全国首届名砚博览会上，时任全国人大副委员长程思远祝贺参展徐公砚荣获金奖。

1996 年携徐公砚参加中华全国工商联在京举办的经贸洽谈展览交易会

时任全国政协副主席万国权、全国工商联主席经叔平参观徐公砚精品展，作者向领导汇报了在革命老区开发徐公砚的情况并介绍了徐公砚的艺术内涵。

参加第十三届全国文房四宝艺术博览会暨名师名作精品砚大展

参加第十六届全国文房四宝艺术博览会

携徐公砚参展1999年北京首都艺术博览会

1999 年兖州砚宝斋隆重开业，时任中国文房四宝协会会长郭海棠亲临兖州参加剪彩仪式。

郭海棠会长（右二）参观兖州砚宝斋

1999 年 9 月，开发徐公砚汇报展在兖州举行。

1996年参加在中国美术馆举办中国徐公砚精品展

2002年在北京参加全国名师名砚精品大展

时任全国人大副委员长王光英在展会上现场为徐公砚题词“徐公宝砚”

作者（右二）参加在成都举办的第十七届全国文房四宝艺术博览会开幕式

1999年，在中国文房四宝艺博会上，时任全国人大副委员长布赫赞赏徐公砚。

全国政协原副主席王忠禹（右二）、中国轻工业联合会陈士能会长（右三）参加 2003 年中国文房四宝艺博会开幕式。作者（左一）主持艺博会的召开。

2006 年 4 月，第十六届全国文房四宝艺博会在北京民族文化宫举行，全国人大副委员长顾秀莲（左五）、中国轻工业联合会陈士能会长等领导参加，作者（左一）主持开幕式。

2003 年 4 月，作者在济南荣宝斋举办了中国自然第一砚——徐公砚精品展，展出各具特色的徐公砚精品 300 余方，是徐公砚在省城首次规模最大的展出。

时任山东省政协常务副主席王久祜参加了徐公砚精品展剪彩仪式，盛赞作者开发徐公砚取得的显著成绩。

作者携徐公砚相继参加了第四届、第五届、第七届山东文化创意产业博览交易会。

在山东省文化创意产业博览会上，时任山东省委常委、宣传部部长孙守刚赞赏徐公砚积蕴天然的特点，鼓励作者进一步弘扬砚文化、创作出更多的优秀作品。

2011年作者携徐公砚参展“鲁砚创新艺术展”，荣获特等奖。

在山东省文化博览会上，作者与山东省原副省长、现中国墨子学会名誉会长、山东省书法家协会名誉主席王玉玺先生探讨砚文化。

2019 年 3 月 29 日，作者向北京军区原政委符廷贵上将介绍中华自然第一砚——徐公砚的艺术特点。

2012 年 4 月，在中华砚文化发展联合会研讨活动中，与中华炎黄文化研究会副会长、中华砚文化发展联合会会长刘红军在一起。

2014 年 12 月，作者携徐公砚参加在杭州举办的“第一届中国国际传统工艺博览会”。

作者向时任全国促进传统文化发展委员会主任刘吉介绍徐公砚的艺术内涵

2019 年 3 月，在北京展览馆参加“第四十三届全国文房四宝艺术博览会”。

在“第四十三届全国文房四宝艺术博览会”上，学生们争睹徐公砚艺术魅力。

2019年5月，携徐公砚参展“第十五届中国（深圳）国际文化产业博览交易会”。

深圳文博会上的徐公砚展位

与兖州区政协刘英会主席谈徐公砚的设计和创新

兖州政协文史馆徐公砚展室

名扬海外

——国外友人赞赏徐公砚

中華瑰寶
徐公硯

革命老将军珍爱徐公砚

徐公砚产于沂蒙革命老区，革命老将军情系老区，对沂蒙山有着深厚的感情。纪念抗日战争胜利50周年期间，徐公砚被指定为赠送革命老将军的纪念品，作者作为全国民营企业家代表受邀参加纪念活动。图为在中国人民抗日战争纪念馆，与革命老将军陈锡联（左四）、叶飞（左五）、杨成武（右三）、王平（右二）、廖汉生（右一）等在一起。

革命老将军陈锡联为徐公砚题词

1995 年 9 月，革命老将军、中顾委原副主任宋任穷在中南海为徐公砚题词，赞赏作者开发徐公砚所取得的丰硕成果。

向革命老将军、全国人大原副委员长廖汉生介绍徐公砚自然天成的特点和艺术内涵。

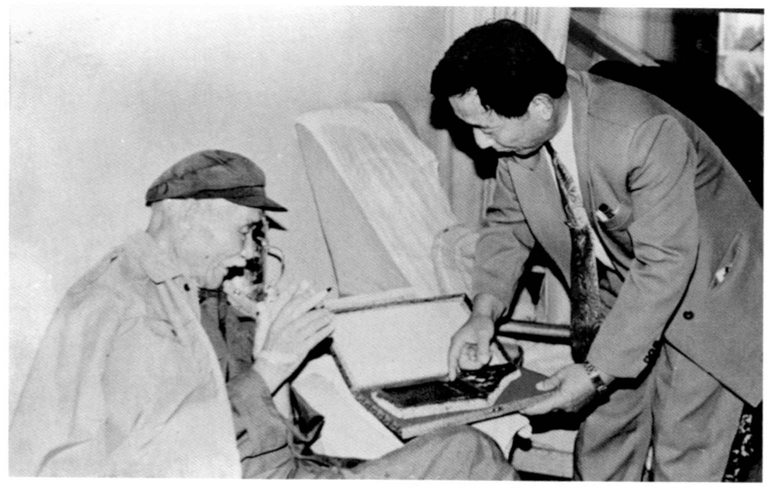

九十六岁的革命老将军孙毅观赏徐公砚，并为徐公砚题词“徐公石砚、造化神工”。

赴日交流

1996年11月18日至12月3日，作者随中国文房四宝协会赴日考察团，赴日本进行为期16天的访问交流，先后考察大阪、京都、神户、名古屋、奈良、新宿和东京的文房四宝的生产和经营机构，并就生产及管理方法进行了深度交流，促进了友好往来，开拓了徐公砚的国外市场。

在日本天义堂参观书画用品

与日本制砚大师交流制砚技艺

在神户参观书画用品商店

参观日本大阪精华堂

在名古屋交流砚文化

享誉宝岛

被世界华人企业家协会授予“2010 年度世界杰出华人优秀企业家”荣誉称号

中华海峡两岸企业交流协会理事长黄建雄接受姚树信赠予的徐公砚

与时任海基会主席江丙坤（前右一）合影

2010 年，作者在中国台北“中华文化高层论坛”上发表“砚与中国传统文化”演讲。

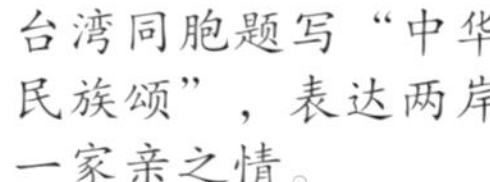
台湾同胞题写“中华民族颂”，表达两岸一家亲之情。

与台湾著名经济学家于宗先畅谈中国传统文化

高校演讲

2000 年应南京大学邀请，作者在南京大学艺术中心作“砚与中国传统文化”的学术讲座。

向时任南京大学党委书记韩星辰介绍徐公砚

接受南京电视台和《扬子晚报》记者联合采访

南京大学师生参观徐公砚

2001 年在南京林业大学作“砚与中国传统文化”学术演讲

南京林业大学陈景欢书记与师生听砚文化讲座

时任南京林业大学党委书记陈景欢（右一）观赏徐公砚

与时任南京林业大学化工学院副书记吴勇（中）等师生合影

重振声名复惊艳

近三十年间，作者先后参加了中国文房四宝协会第四届、第五届历次理事会、中国杰出民营企业家高端访谈、中华英模五一座谈会、国际儒商高层论坛、第七届感动中国年度人物颁奖大会、中国经济贸易促进会年会等活动，并多次做了“砚与中国传统文化”、“砚文化的传承和发展”等主题演讲，对弘扬和助推砚文化发挥了积极作用。

2000 年作者当选为中国文房四宝协会第四届理事会副会长，中国轻工联合会陈士能会长向作者颁发证书。

2006 年在人民大会堂举办的中国文房四宝协会第五届理事会上作者再次当选为副会长，向全体理事汇报徐公砚开发创新进展情况。

2006 年，时任中国文房四宝协会会长郭海棠向作者颁发“第三届全国名师名砚鉴评金奖”证书。

在2009国际儒商高层论坛上，作“砚文化的传承与发展”的演讲。

2009年7月，在世界华商公益颁奖大会上，发表“砚与中国传统文化”讲话。

2010年在中国公益与非公有制经济发展企业论坛上，作“砚文化”演讲。

2010年4月，在中华英模五一座谈会上，作“砚文化的传承与发展”演讲。

2010年9月，参加第七届感动中国年度人物颁奖大会上，作开发徐公砚取得成果汇报。

2012年12月，在中国经济贸易促进会年会上，提出进一步发展传统文化的倡议。

发声博鳌

参加博鳌亚洲论坛 2015 年会文化分论坛

砚聚精英

长江商学院精英在山东砚宝斋参观徐公砚，探讨砚文化。

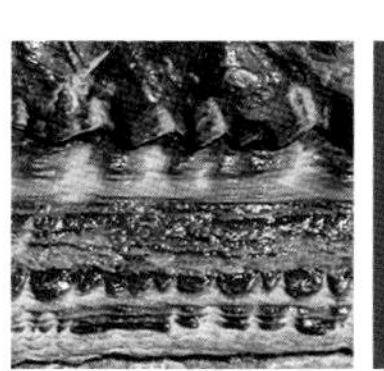

五、名家题赞

28 年来，作者携徐公砚设计精品参加展会活动、遍访各界名家，以期分享徐公砚的自然之美、天地之灵、设计之妙、制作之精。

所幸有那么多独具慧眼的名家，经作者介绍后，有感于徐公砚所散发出的吸引力而激发出灵感，每每欣然题词赞叹：“积蕴天然”、“造化神工”、“翰墨增辉”、“艺林奇珍”、“中华瑰宝”、“古砚传奇”……

作者从收藏的 200 多幅名家题赞中精选出 77 幅以飨读者，既可欣赏到名家们各具特色的书体，又可见名家们不同的审美视角，合而观之更彰显出徐公砚的丰富内涵！

迎接启功先生参观中国徐公砚展

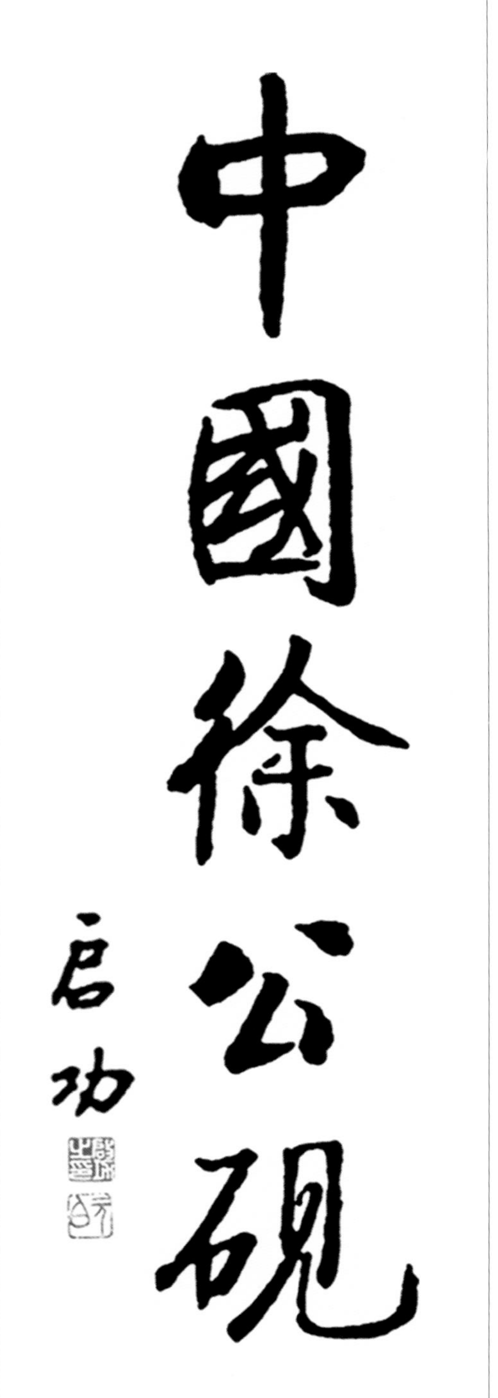

中国书法家协会第二届主席启功先生为徐公砚题写砚名

拜访启功先生

中国书法家协会第四届主席沈鹏先生为徐公砚题词

沈鹏先生为砚宝斋题写斋名

作者与沈鹏先生（左）合影

硯池雲濤

為徐公硯題 福金

中国文房四宝协会第七届前会长桑福金先生为徐公砚题词

与中国文房四宝协会陈建国会长在一起

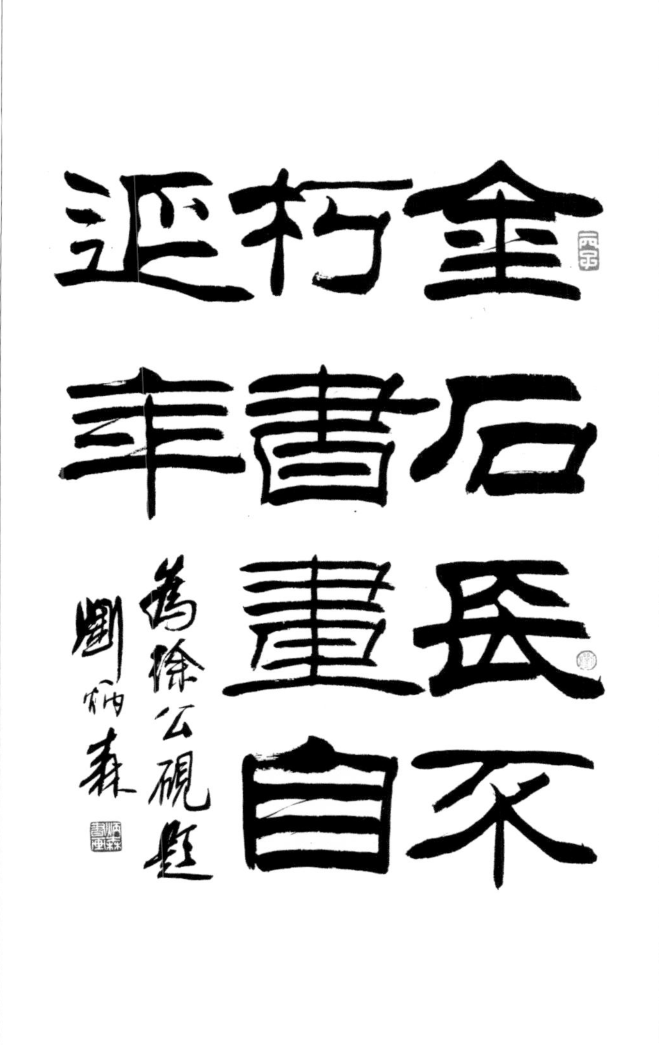

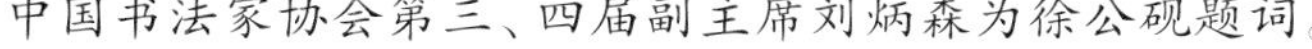

中国书法家协会第三、四届副主席刘炳森为徐公砚题词。

首都师范大学教授、博士生导师、中国书法家协会顾问欧阳中石为徐公砚题词。

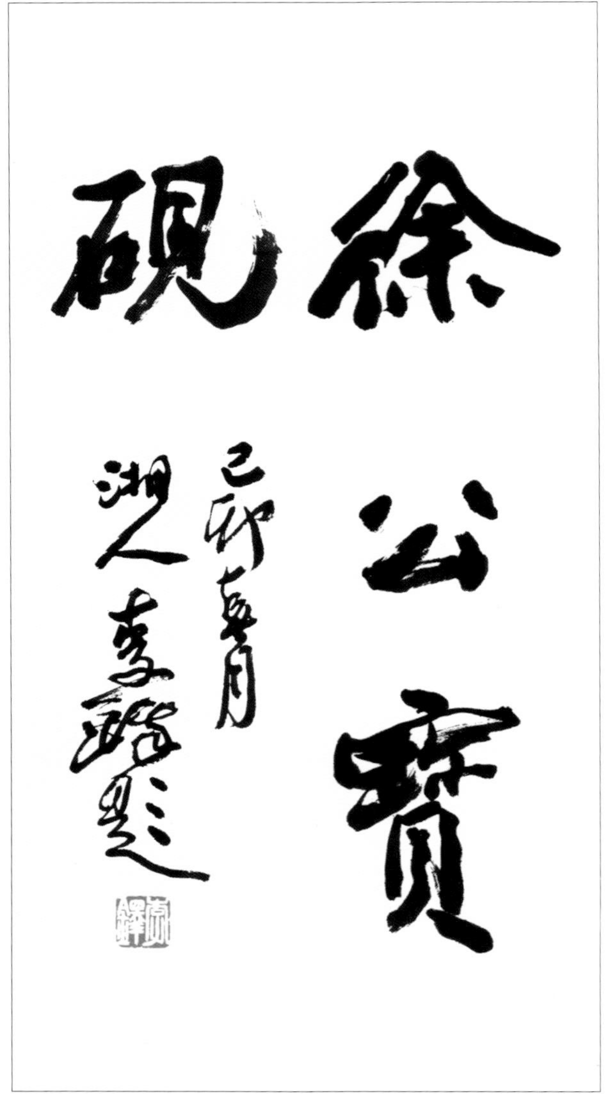

中国书法家协会第三届副主席、第四届顾问李铎将军为徐公砚题词。

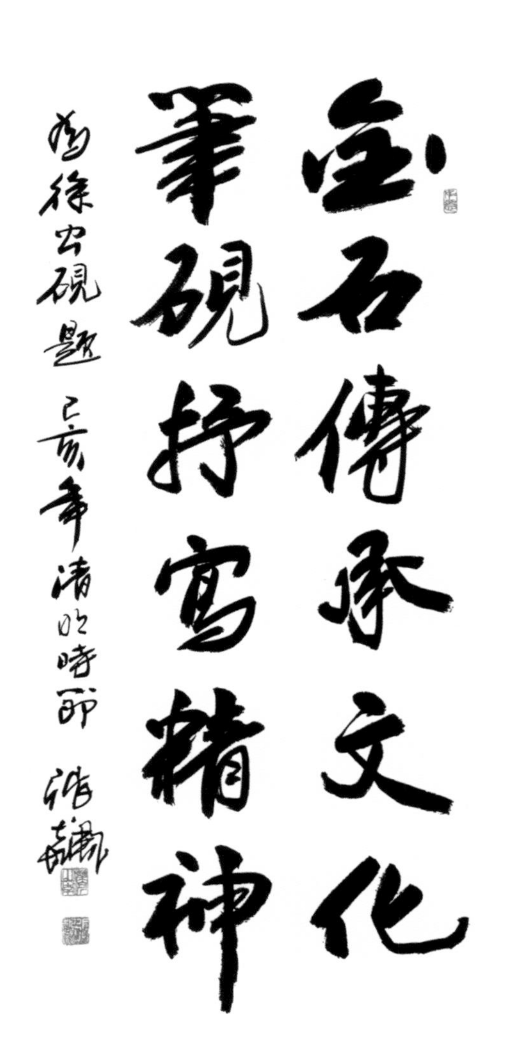

中国书法家协会顾问，曾任中国书法家协会中直分会会长、中国书法家协会第四届驻会副主席、分党组书记张飙为徐公砚题词。

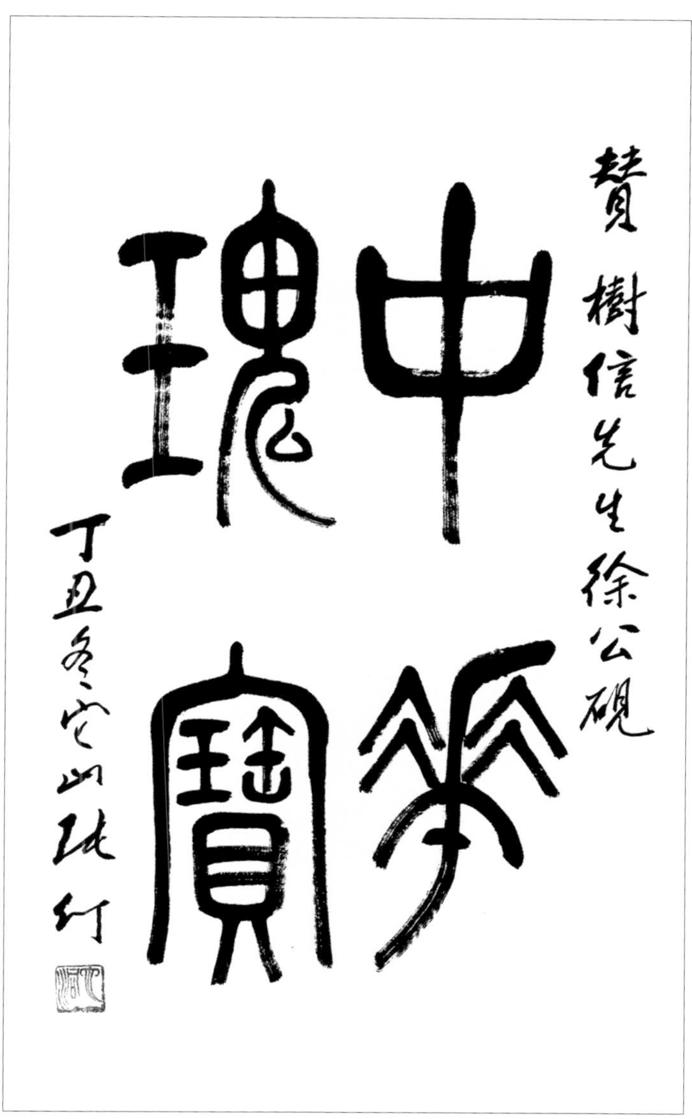

中国工艺美术家协会副理事长、原中央工艺美术学院院长张仃教授为徐公砚题词。

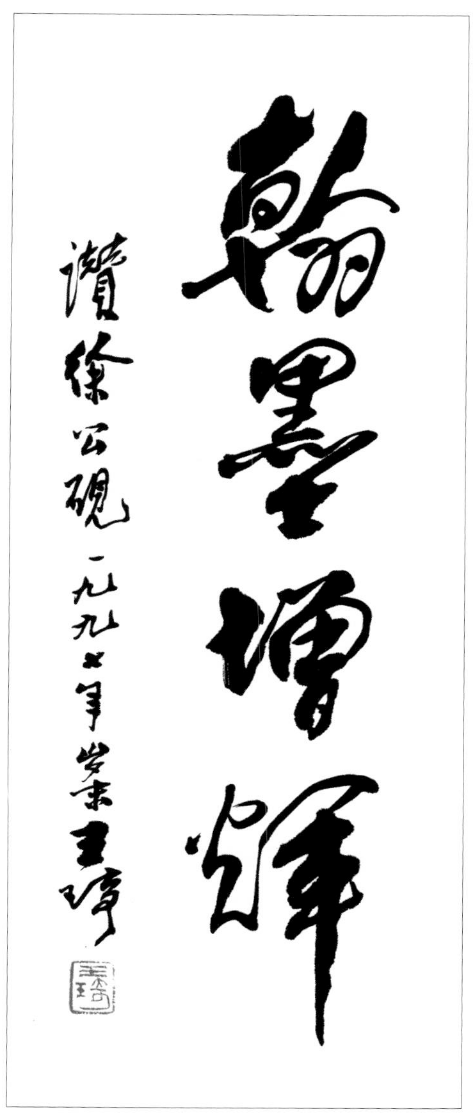

中国美术家协会原副主席、中国版画协会原主席、中央美术学院教授王琦为徐公砚题词。

中国书法家协会第五、六届副主席言恭达题赞徐公砚“天工开物，艺林奇珍”。

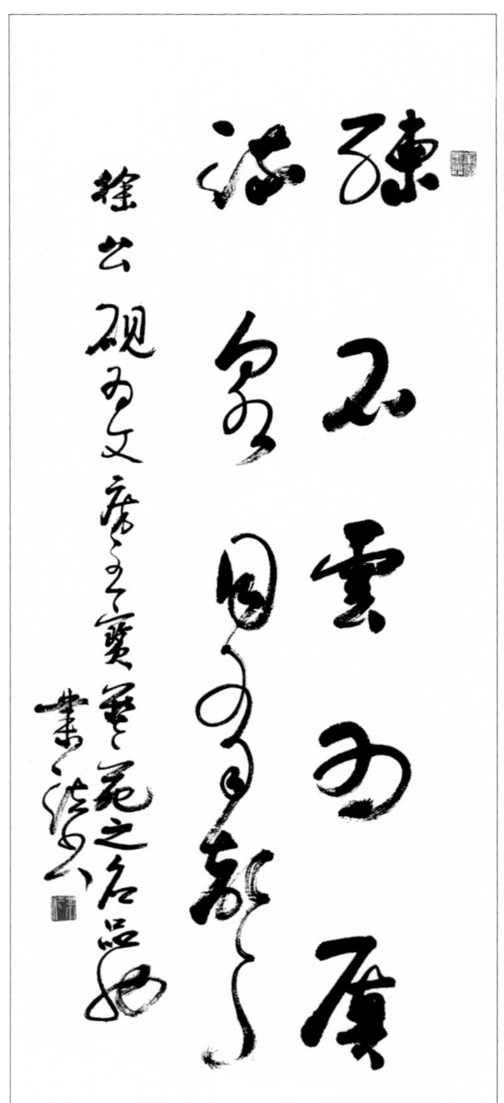

中国书法家协会第五、六届副主席、山东省书法家协会原主席张业法为徐公砚题词。

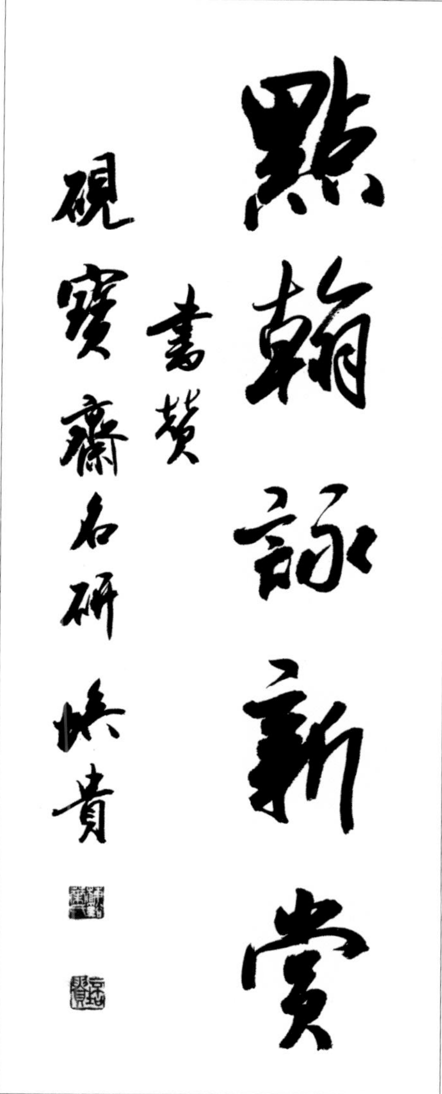

中国书协第八届副主席、北京市书法家协会主席叶培贵教授为徐公砚题词。

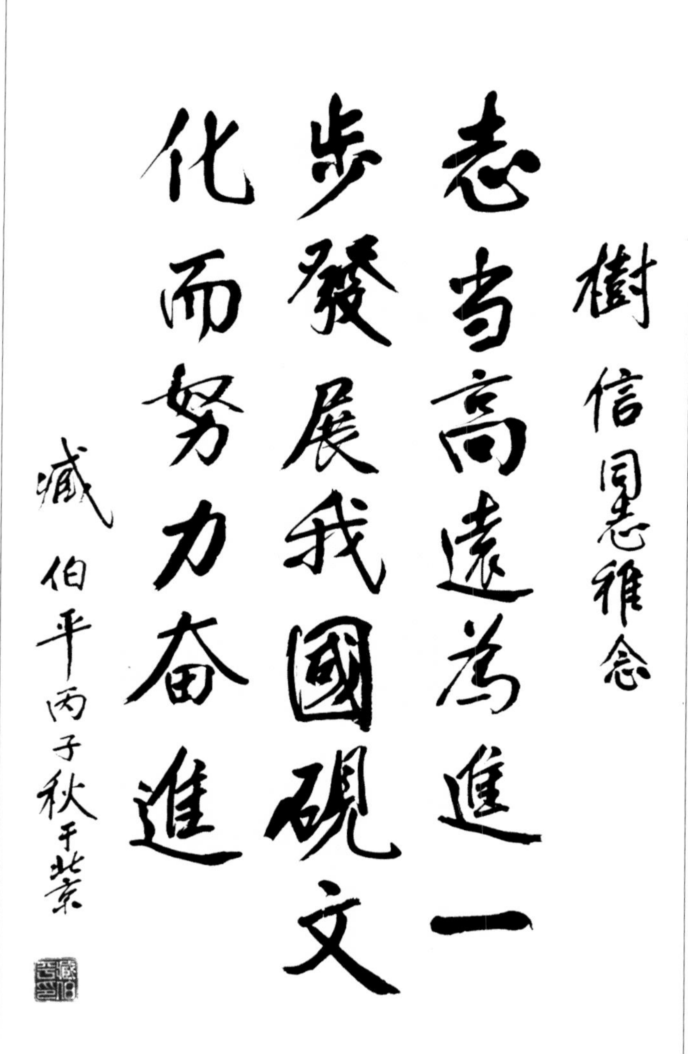

教育部原副部长、南开大学原校长臧伯平为作者开发徐公砚题词。

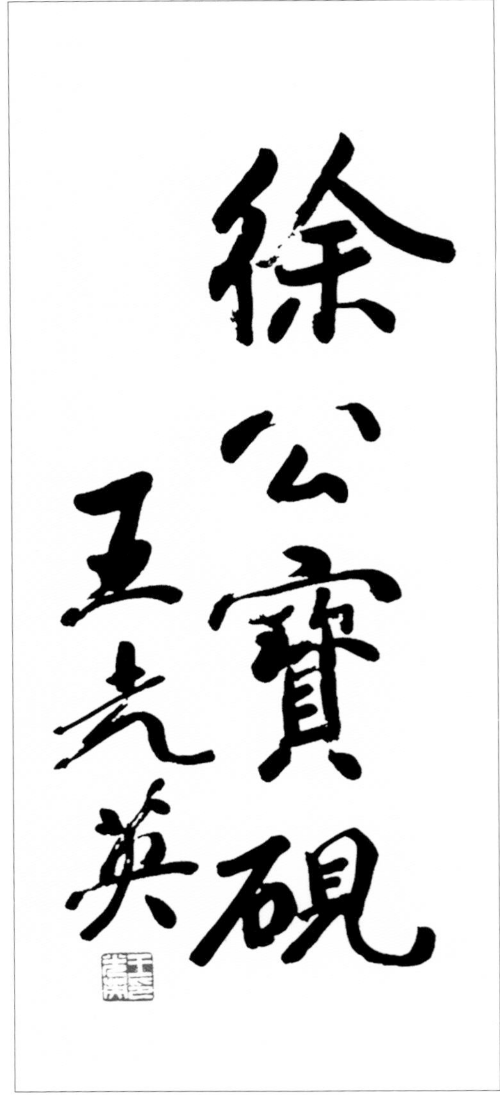

全国人大原副委员长王光英为徐公砚题词

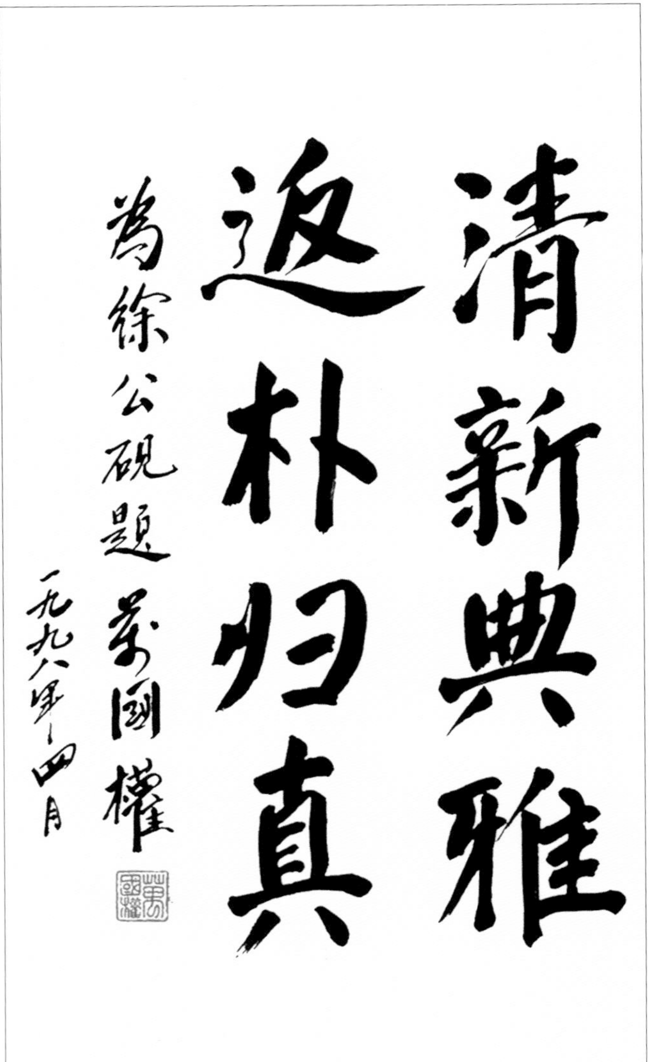

全国政协原副主席万国权为徐公砚题词

中华瑰宝徐公砚
文化艺术举世奇
吴阶平

全国人大原副委员长吴阶平为徐公砚题词

砚宝
雷洁琼
一九九六年十一月

全国人大原副委员长雷洁琼为徐公砚题词

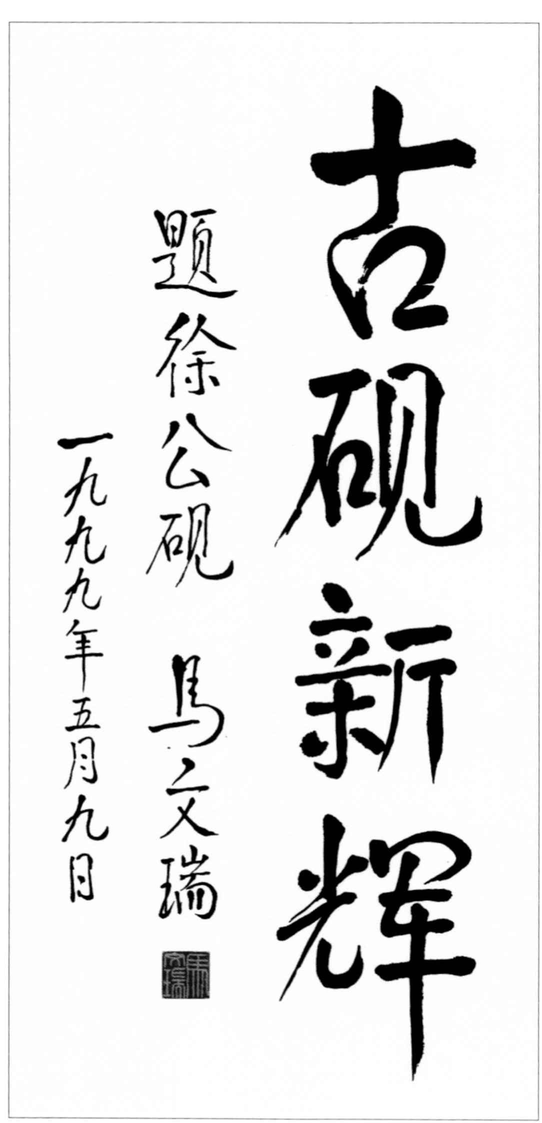

全国政协原副主席马文瑞为徐公砚题词

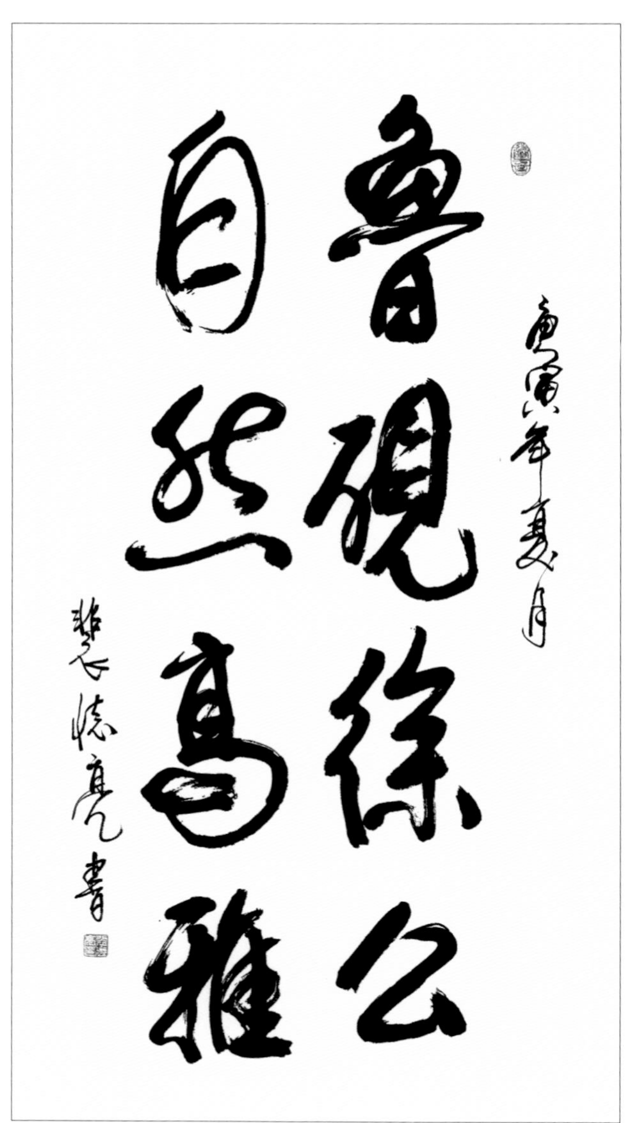

中国人民解放军国防大学原校长裴怀亮上将为徐公砚题词

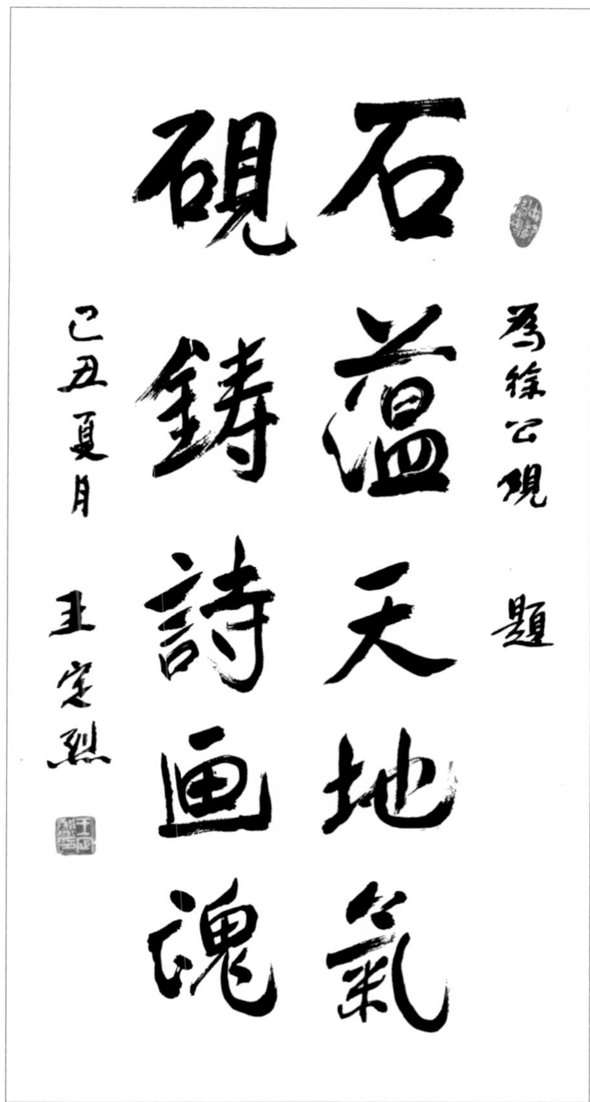

空军原副司令员王定烈为徐公砚题词

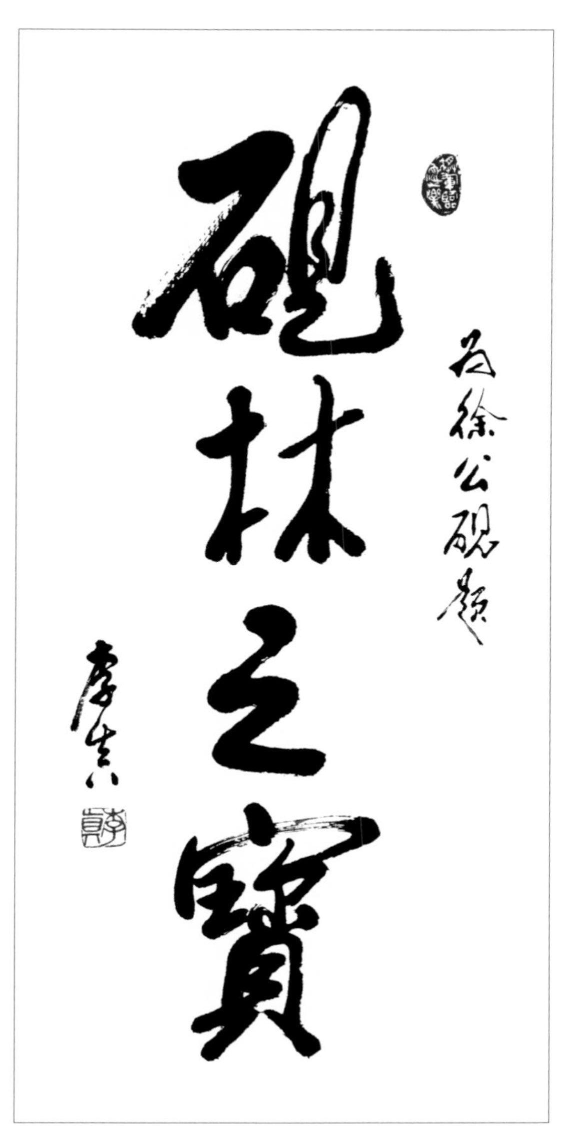

开国老将军李真为徐公砚题词

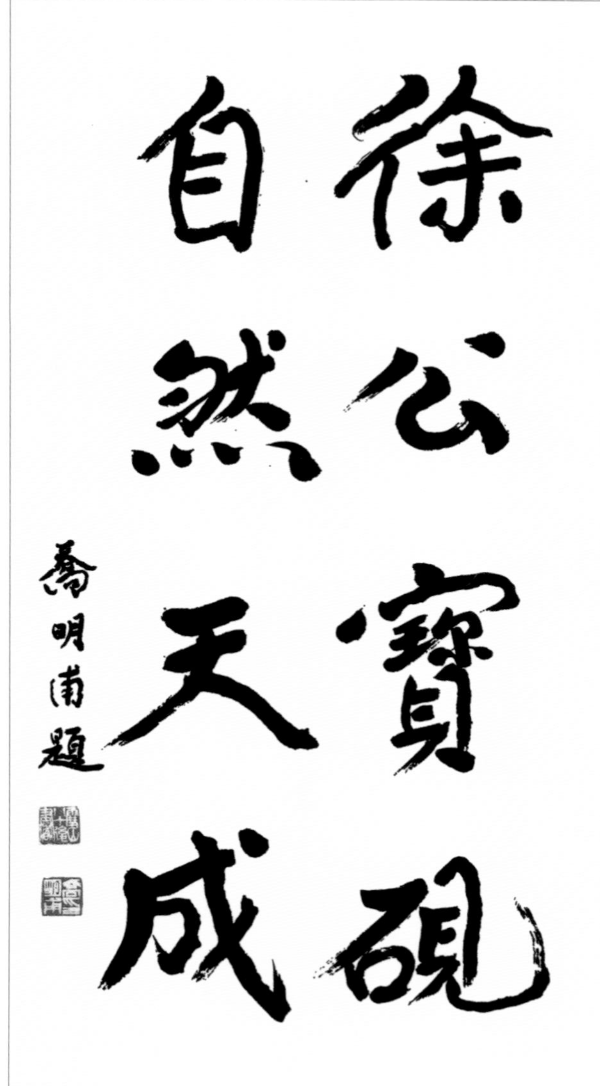

国家轻工业部原部长、中国文房四宝协会名誉会长乔明甫为徐公砚题词。

民政部原部长崔乃夫为徐公砚题词

中共中央组织部原副部长王照华为徐公砚题词

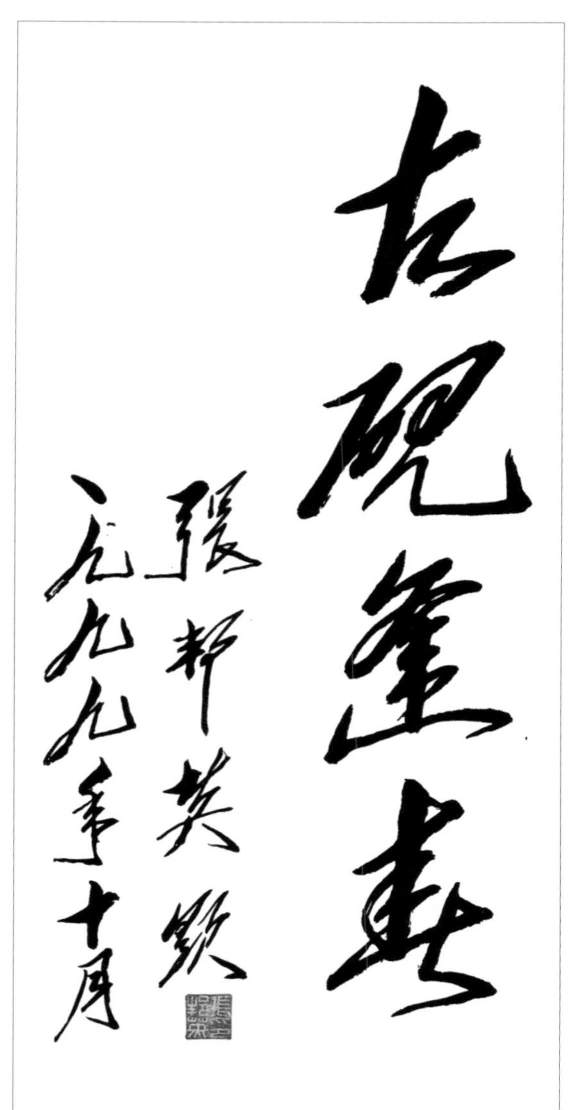

民政部原副部长张邦英为徐公砚题词

中誉四大名硯唯獨徐
公奇特内外造形古雅
冬腊硯水不凍发墨細
膩如油美名充满九州

一九九六年初冬北京 柴泽民

中国杰出外交家、首任驻美大使柴泽民为徐公砚自然特色赋诗题词。

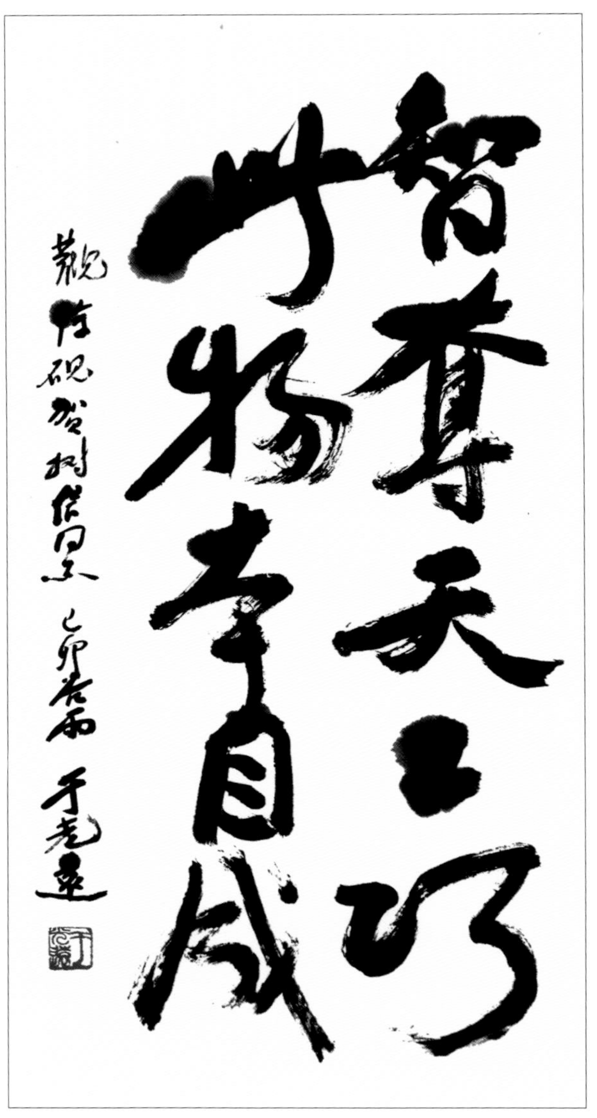

中国社科院原副院长于光远为徐公砚题词

徐公神硯
國之瑰寶
己卯初夏
保育鈞

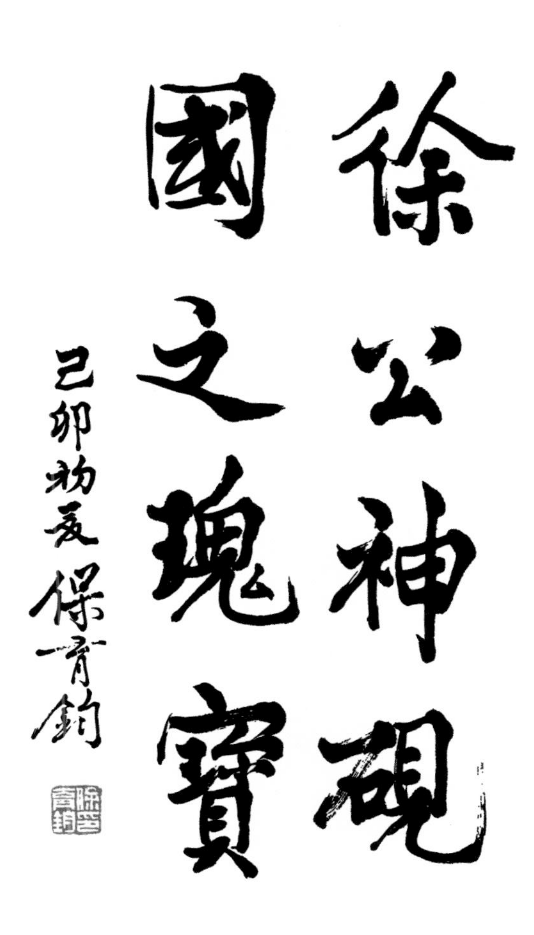

全国工商联原副主席、中华民营企业联合会会长保育钧为徐公砚题词。

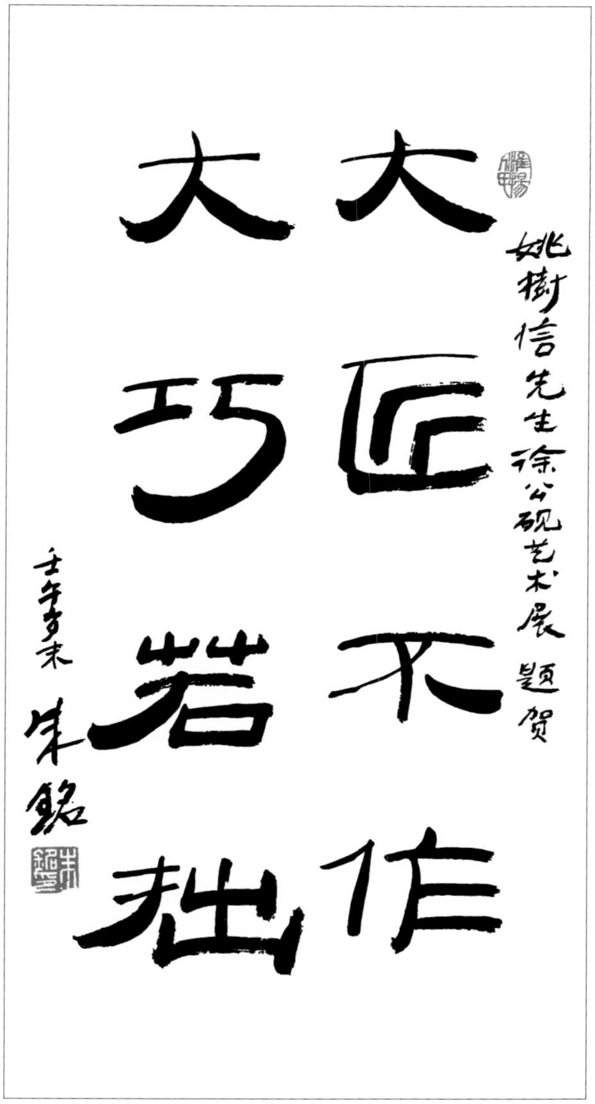

大匠不作
大巧若拙
姚樹信先生徐公砚艺术展题贺
壬午夏末
朱銘

山东省政协原副主席、山东省美术家协会原副主席、山东工艺美术学院原副院长朱铭教授为徐公砚题词。

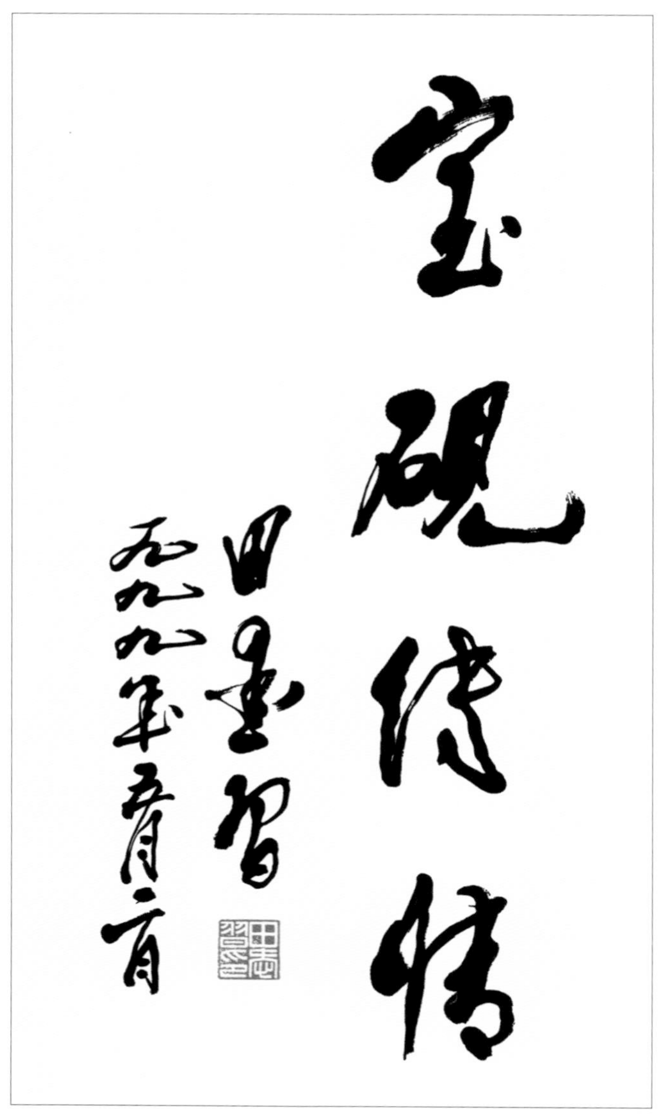

中国人民解放军总政治部文化部副部长、中国文联副主席田爱习为徐公砚题词。

山东省文学艺术界联合会原副主席袁玉森为徐公砚题词

西泠印社出版社社长、国家一级美术师、全国规范汉字书写委员会理事长江吟为徐公砚题词。

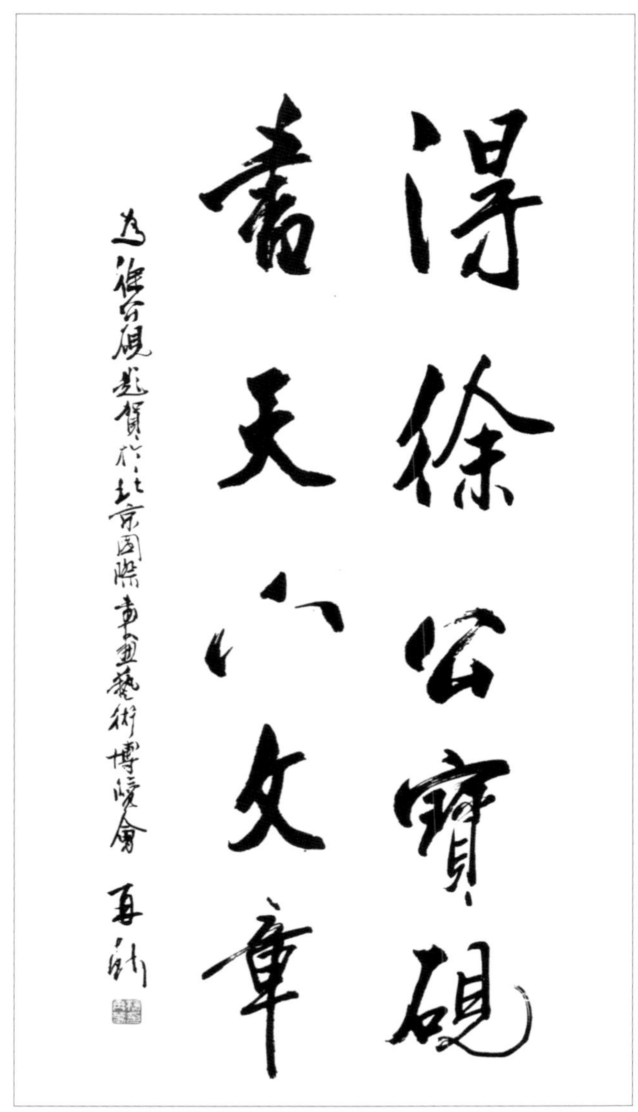

中国书法家协会创始人之一，北京体育大学出版社原社长兼总编辑、北京书画艺术院常务副院长、著名书法家杨再春为徐公砚题词。

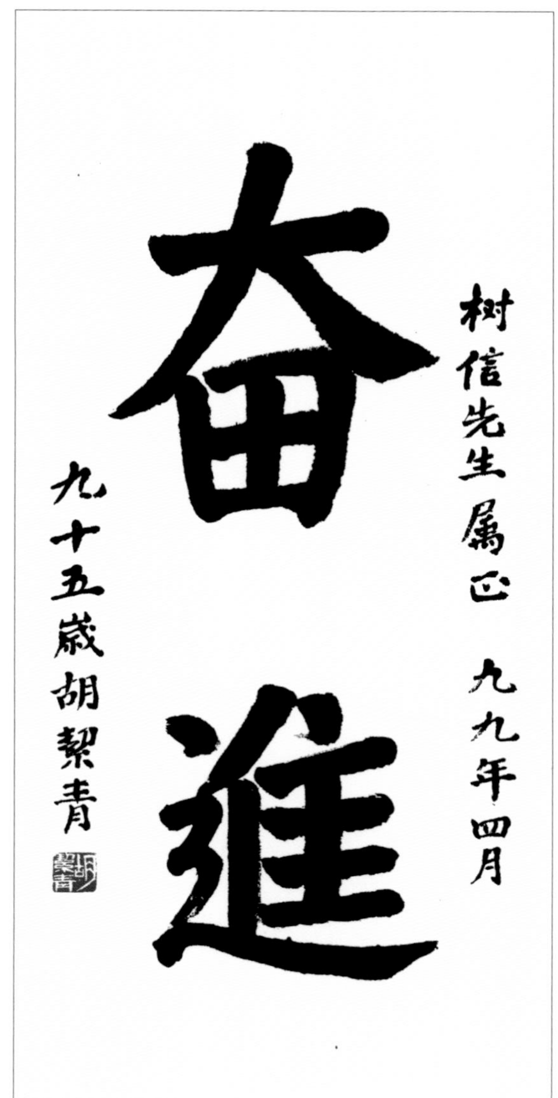

人民艺术家老舍先生夫人，中国画院一级美术师、著名书画家胡絜青为作者题书“奋进”。

北京书法家协会常务理事、北京宣武区书法协会会长李文新为徐公砚题词。

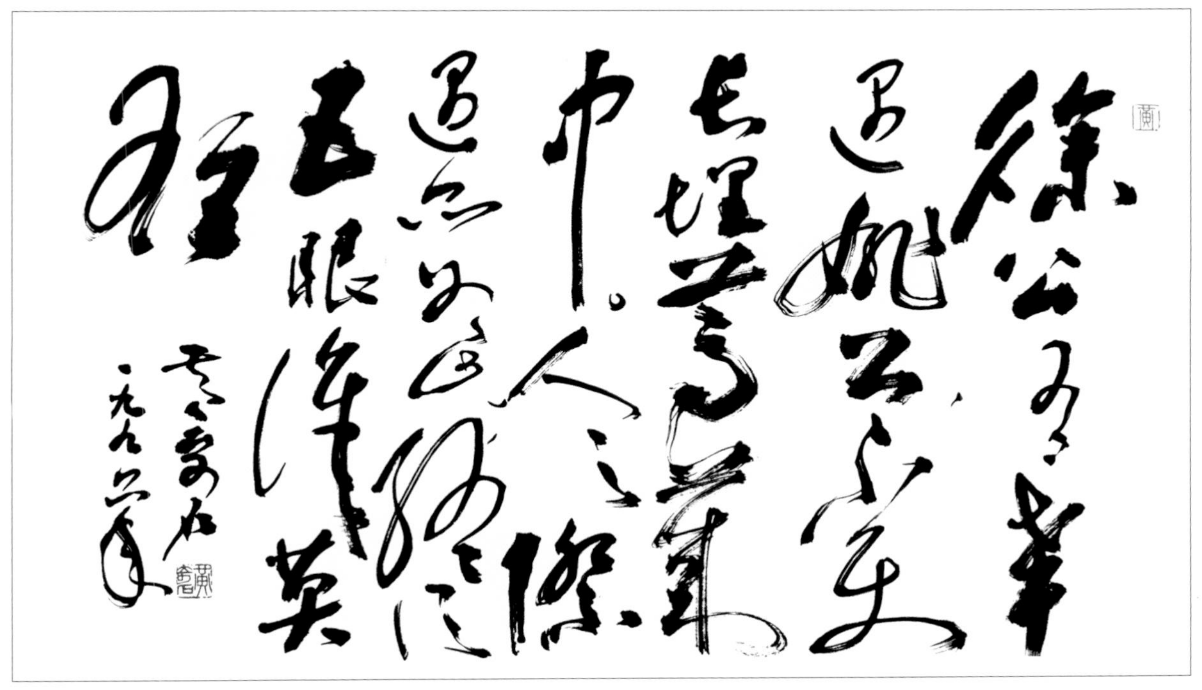

中国歌剧舞剧院原副院长、著名剧作家黄奇石为作者开发徐公砚题词。

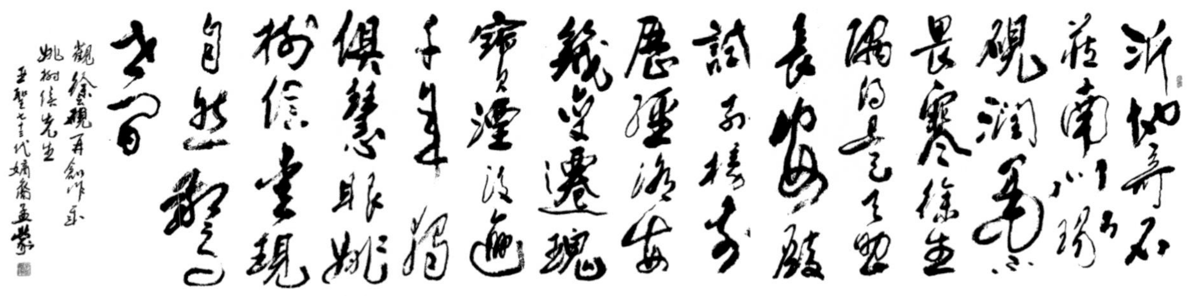

孟子后裔、曲阜师范大学教授、著名书画家孟蒙为作者开发徐公砚题词。

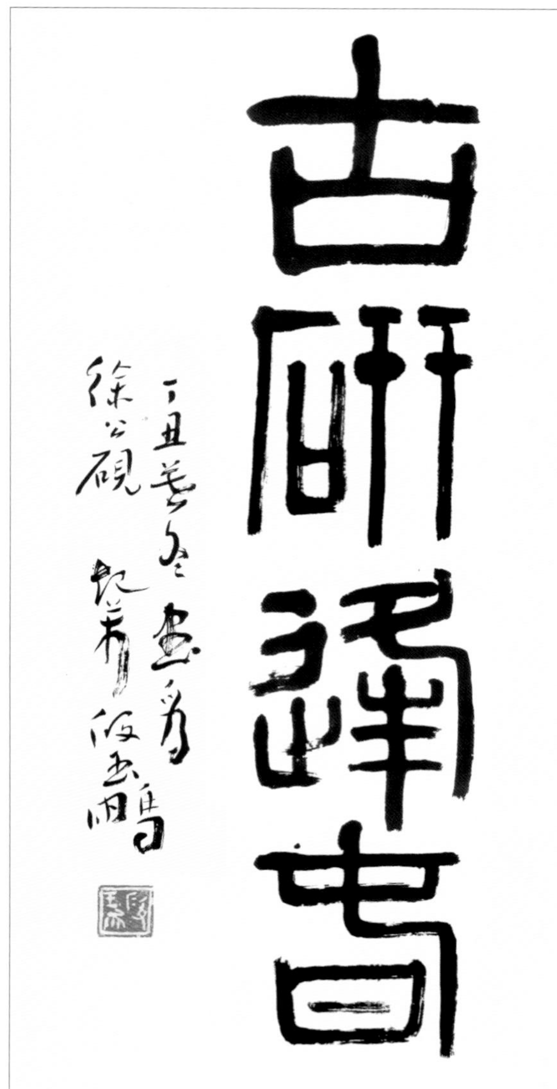

山东省书法家协会原副主席、济宁市书法家协会名誉主席、中国书法家协会会员、中国书法家协会对外艺术交流委员会副主任、西泠印社社员段玉鹏为徐公砚题词。

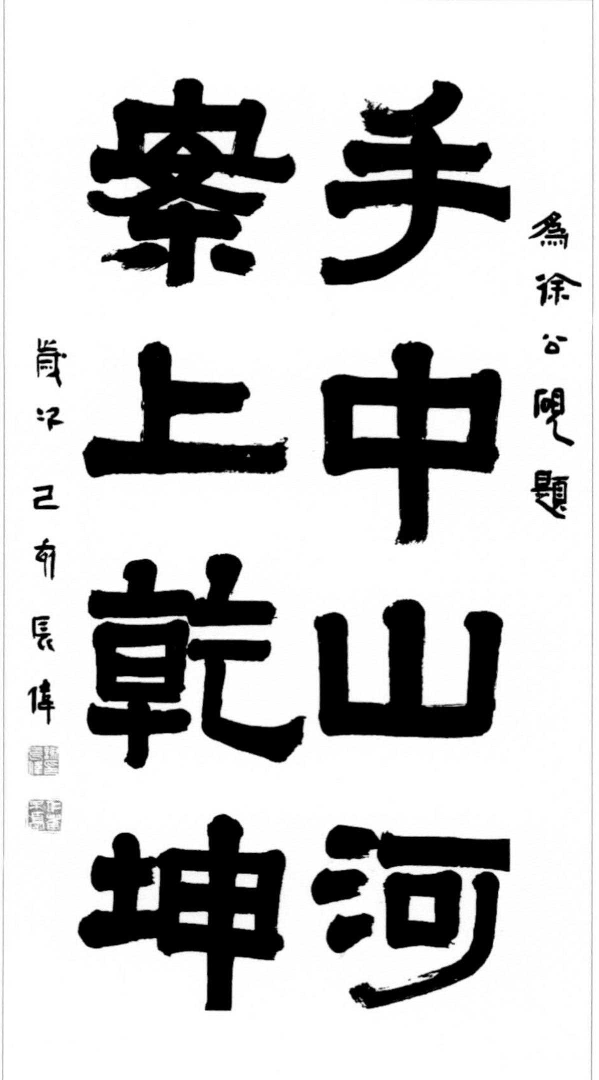

山东省书法家协会副主席、济宁市书法家协会主席、西泠印社社员谢长伟为徐公砚题词。

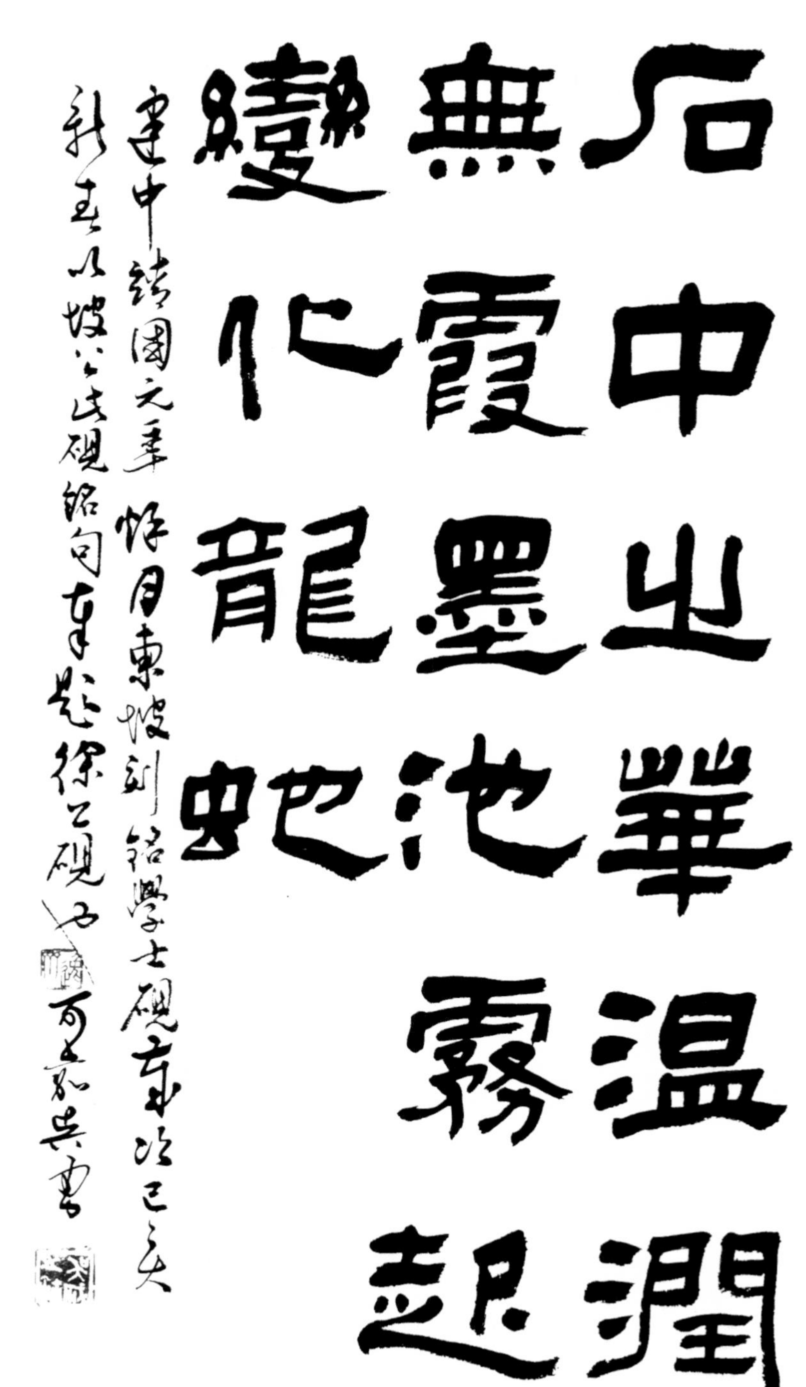

石中之华，温润无霞。墨池雾起，变化龙蛇。
建中靖国元年秋月东坡刻铭学士砚，岁次己亥新春以坡公此砚铭奉题徐公砚也。可嘉吴勇

江苏省直书协副主席吴勇为徐公砚题词

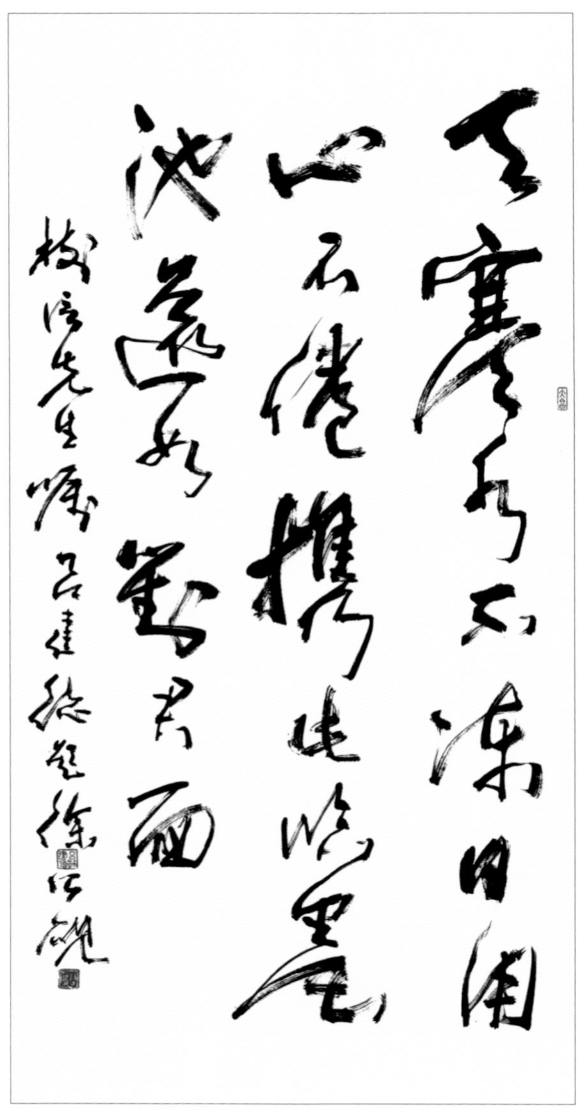

国家民族画院书法篆刻院副院长、曾任济宁市孔孟书画院院长吕建德为徐公砚题词。

2003 年，山东省女书画家协会原主席、山东艺术学院教授单应桂在济南荣宝斋参观徐公砚精品展并题词。

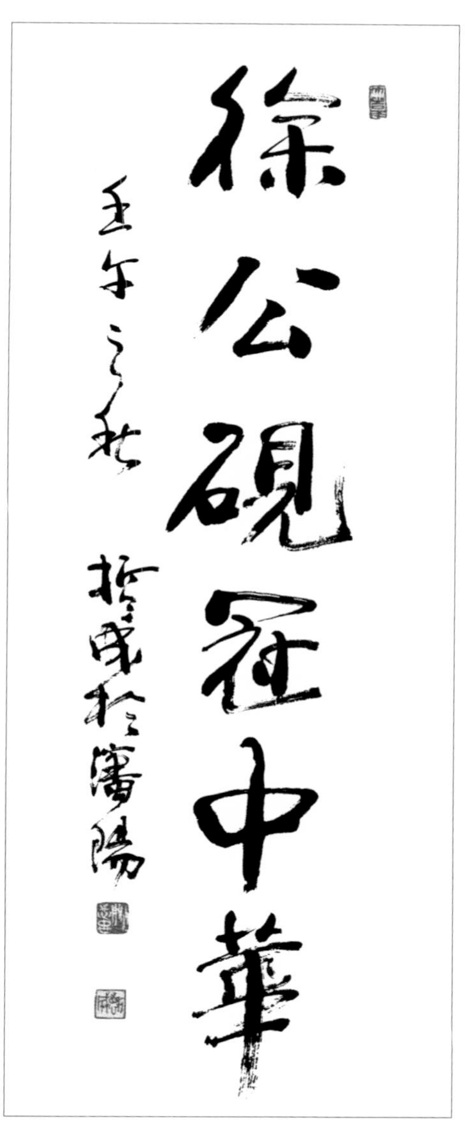

辽宁省书法家协会原副主席姚哲成为徐公砚题词

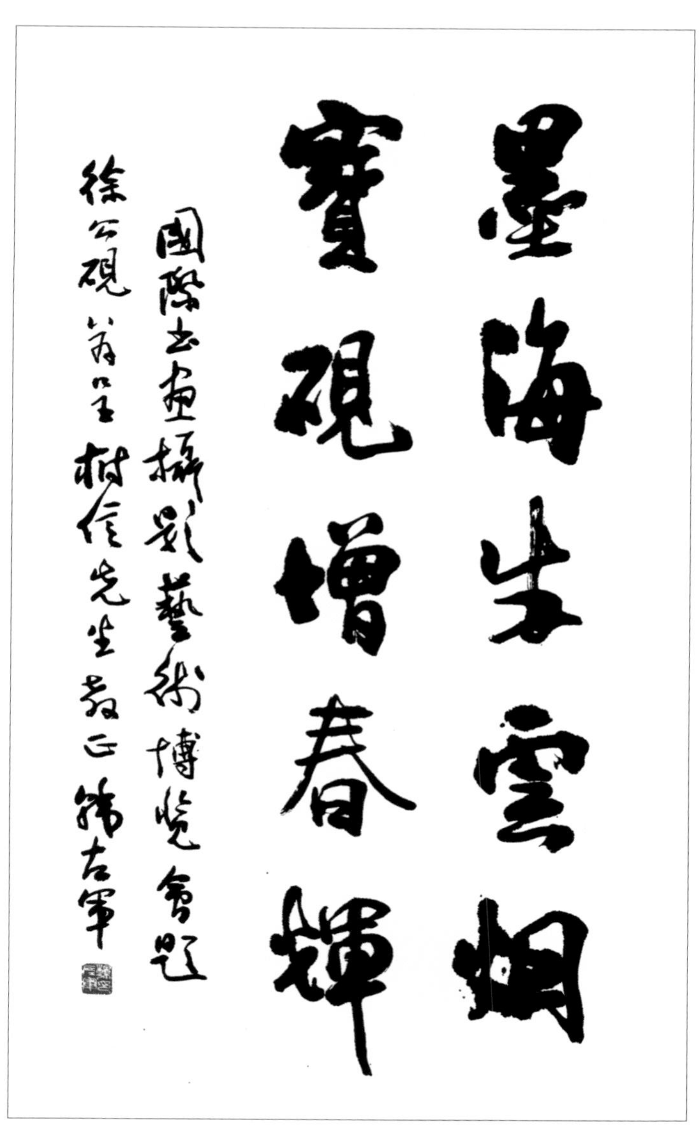

山西省书法家协会原副主席、临汾市书法家协会名誉主席韩左军为徐公砚题词。

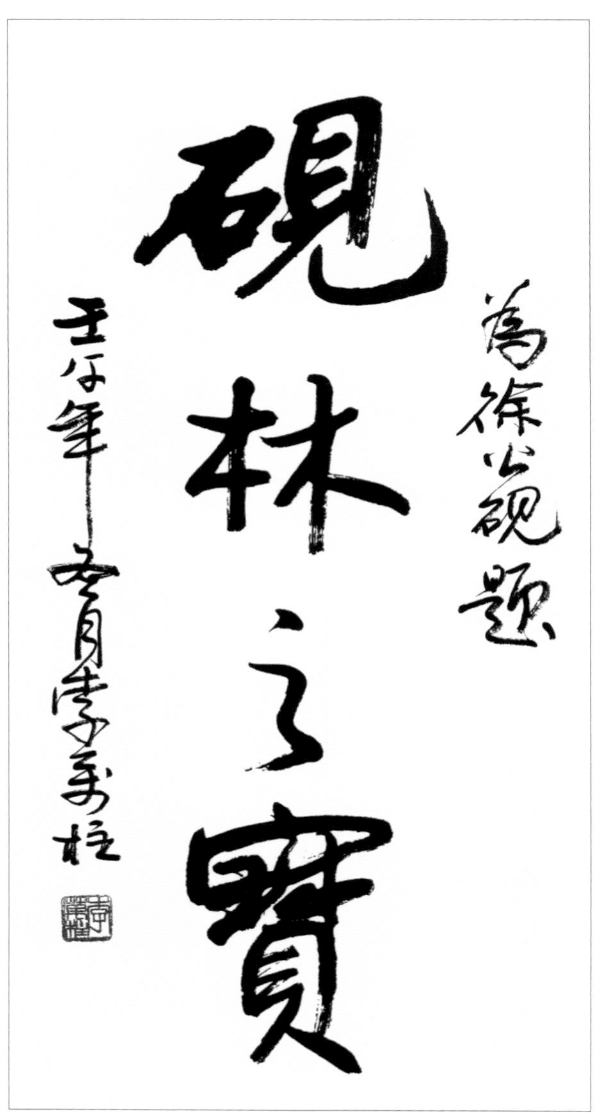

山东省美术家协会顾问、著名书画家李万柱为徐公砚题词。

江西省美术家协会原副主席陈伯程为徐公砚题词

中国少数民族美术促进会副会长苏珂为徐公砚题词

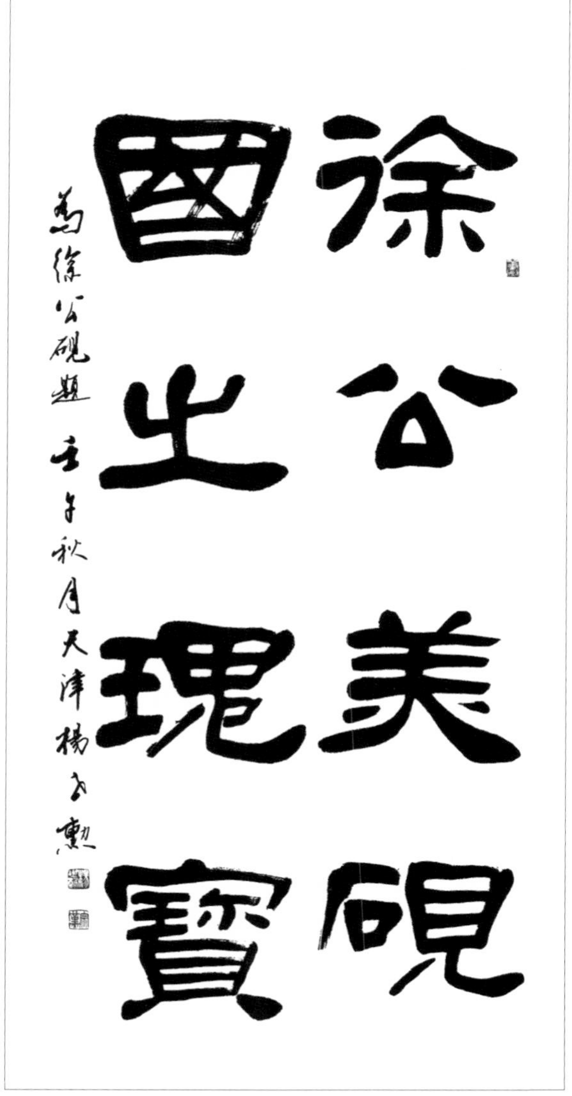

天津市书法家协会理事、天津市书法家协会发展委员会副主任杨世勋为徐公砚题词。

著名书法家、汉风书画院院长陶喆为徐公砚题词。

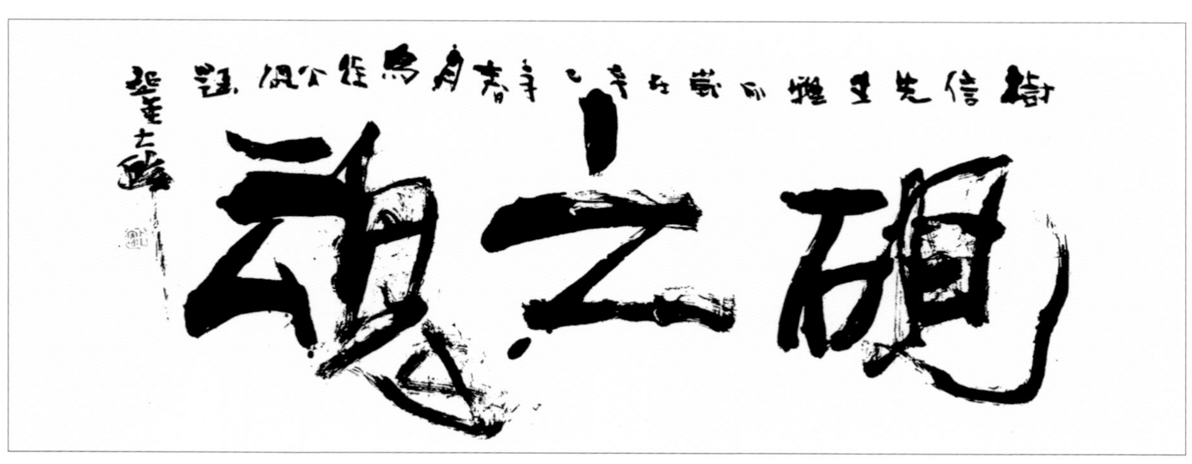

山东省美术家协会副主席、曹州书画院副院长上官超英为徐公砚题词。

中国民族画院院长高志山教授为徐公砚题词

中国砚文化发展联合会副会长、砚铭镌刻家张得一为徐公砚题词。

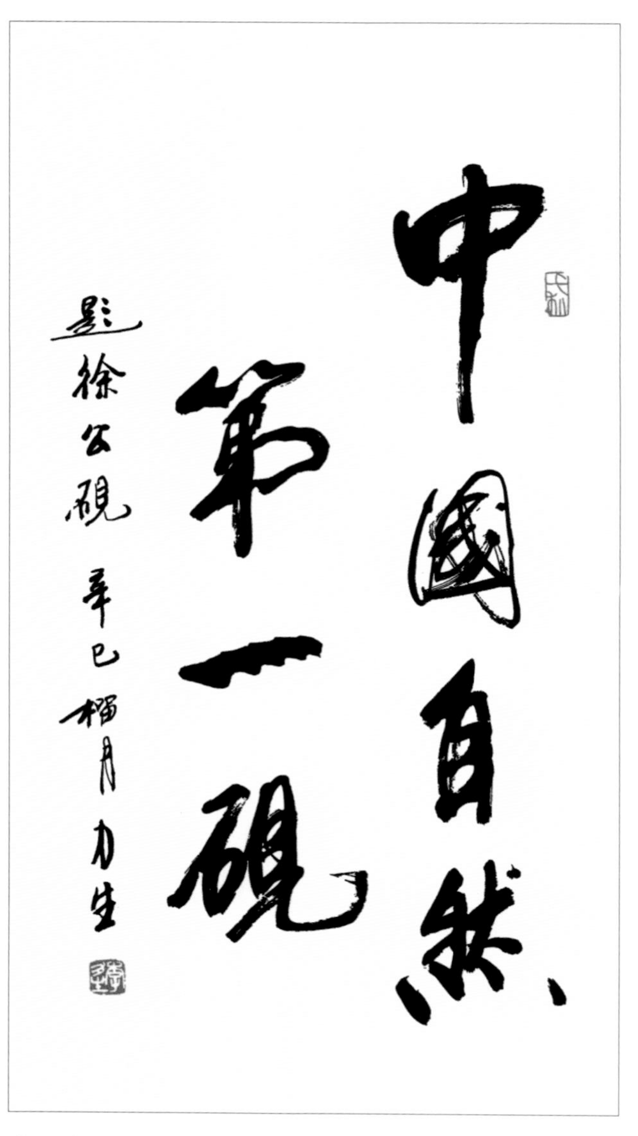

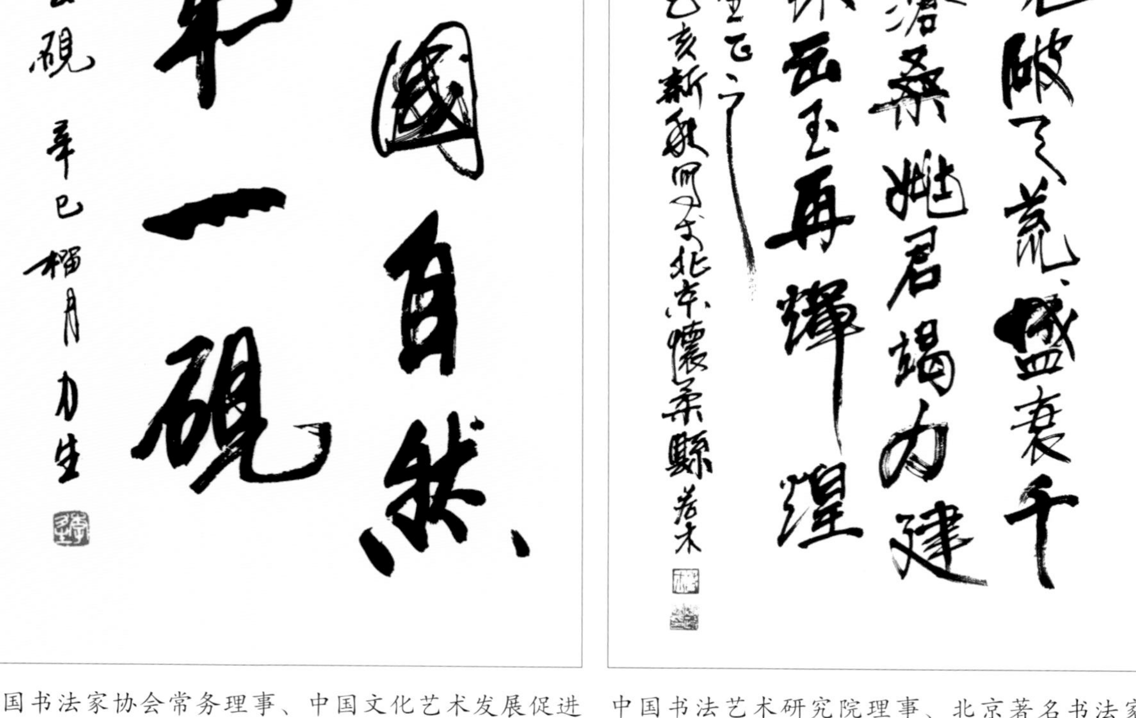

中国书法家协会常务理事、中国文化艺术发展促进会榜书研究会主席李力生为徐公砚题词。

中国书法艺术研究院理事、北京著名书法家若木为作者开发徐公砚题赞。

著名美术教育家、画家秦岭云为徐公砚题词。

北京市书法家协会理事、著名书法家韩绍玉为徐公砚题词。

中国戏剧家协会理事、北京市剧协常务理事、北京人民艺术剧院导演、著名国画家梅阡为徐公砚题词。

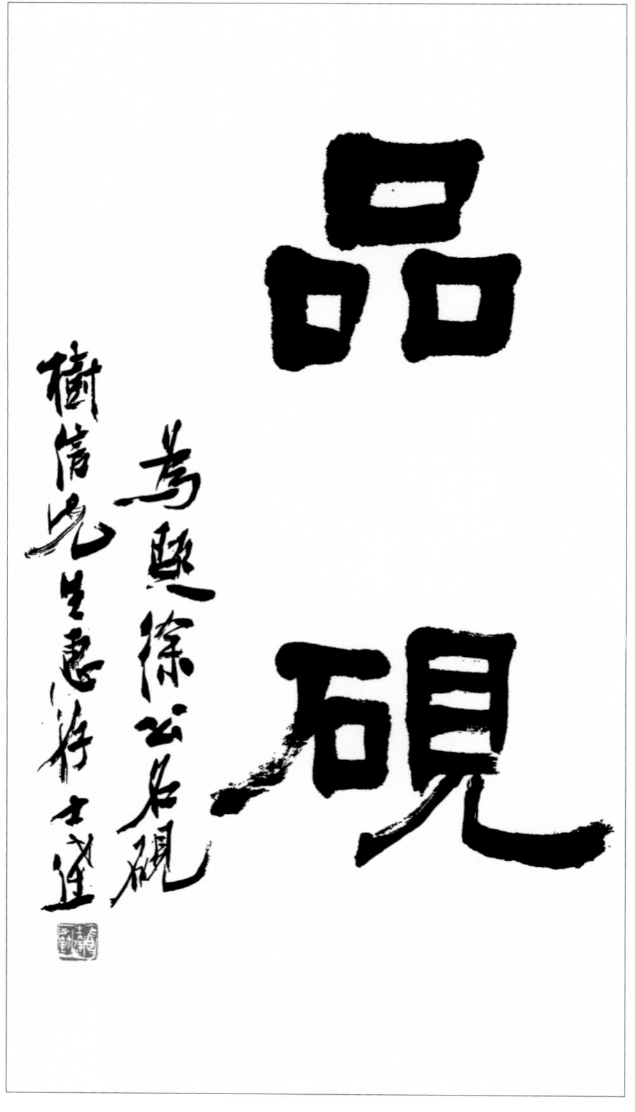

南京师范大学美术系教授、著名篆刻家马士达为徐公砚题词。

山东省书法家协会理事、菏泽市书法家协会原主席侯玉麟为徐公砚题词。

无锡市文学艺术界联合会原副主席、无锡市书法家协会原主席刘铁平为徐公砚题词。

山东省书法家协会理事、山东济宁市书法家协会副主席兼秘书长、曲阜师范大学教授乌峰为徐公砚题词。

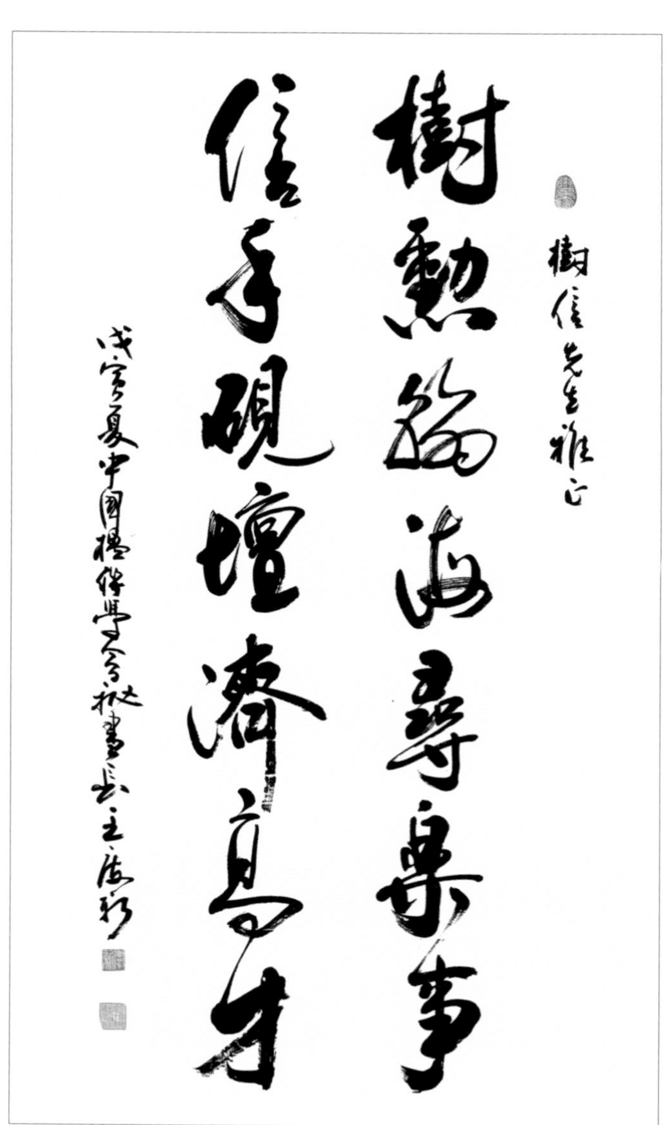

中国楹联学会秘书长、副会长王庆新为作者开发徐公砚题联。

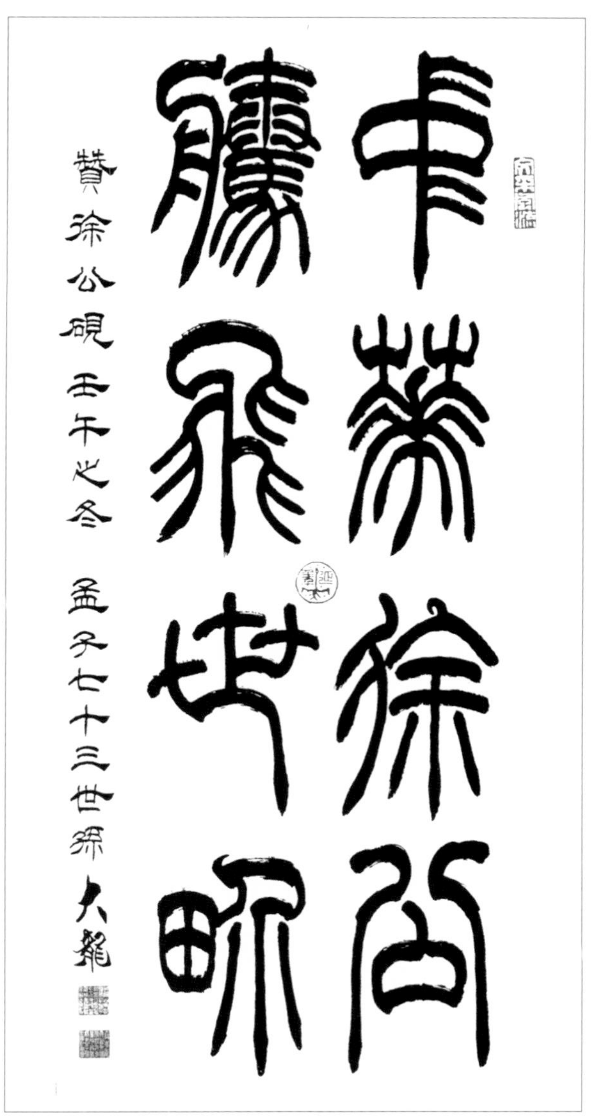

孟子书画院院长、中国书法家协会会员孟庆林为徐公砚题词。

天津市书法家协会名誉理事、著名书法家陈启智赋诗盛赞徐公砚的自然特色。

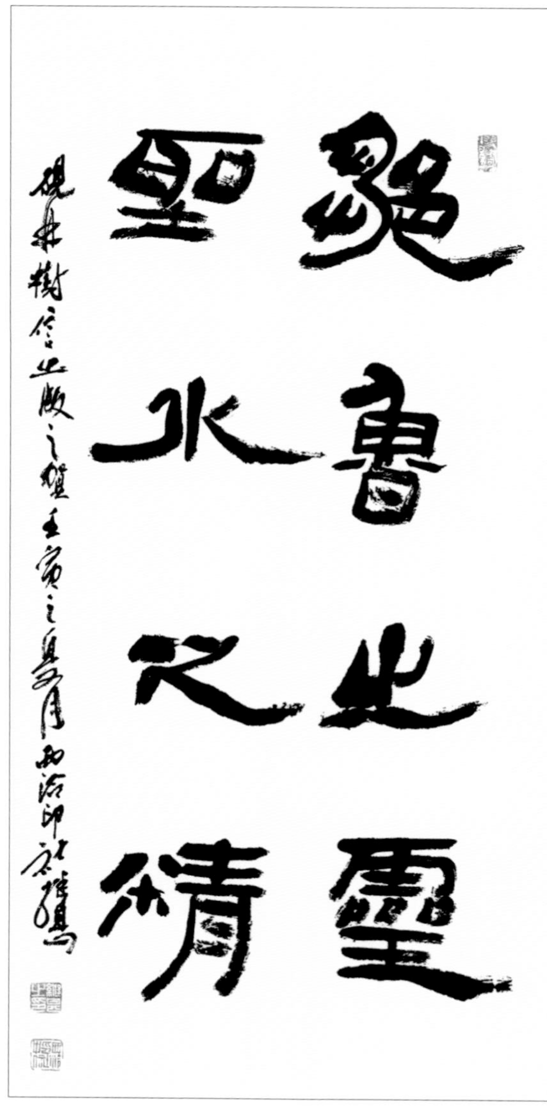

西泠印社社员、中国书法家协会会员、中国汉画学会会员、山东印社理事江继甚为徐公砚题词。

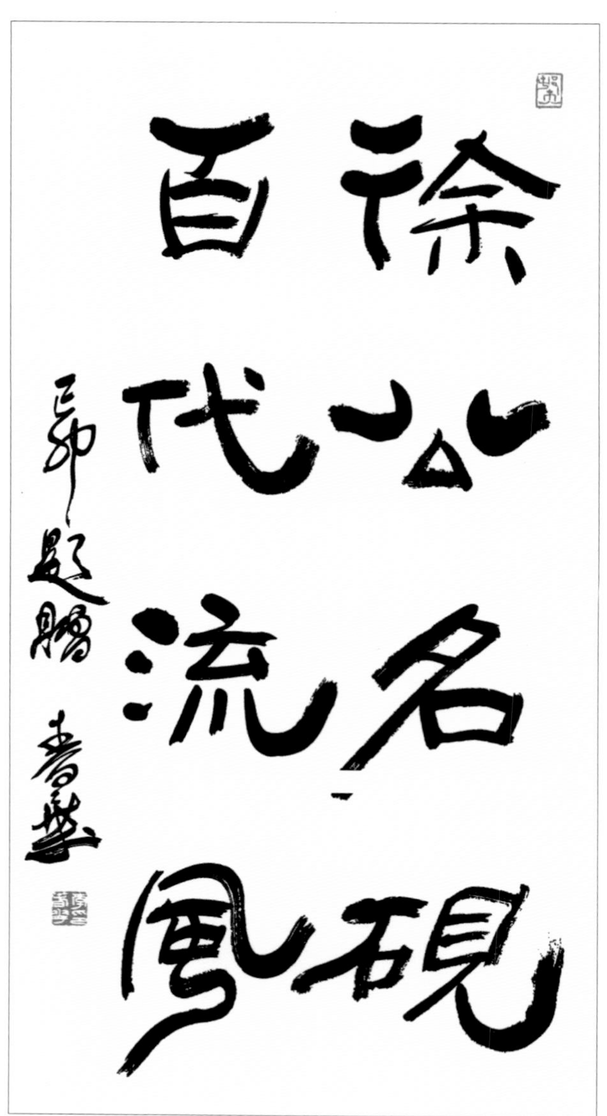

云南省美术家协会秘书长李春华为徐公砚题词

旅奥华侨艺术家刘宝柱在中国美术馆参观徐公砚精品展后挥笔题词“瀚海瑰宝”。

江苏著名颜体书法家庄瑞安为徐公砚题词

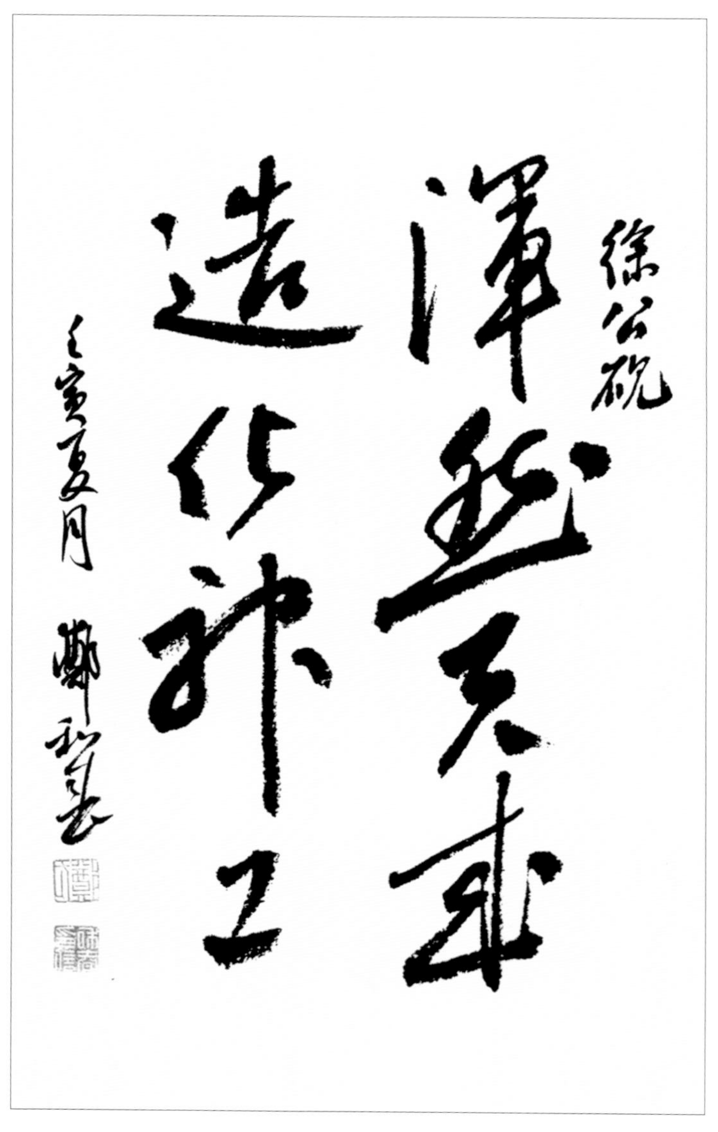

中国书法家协会会员、中国草书研究会理事、山东省美术家协会会员郑和春为徐公砚题词。

中国书法家协会理事、国家一级美术师，原中国书法家协会评审委员会委员冉繁英为徐公砚题词。

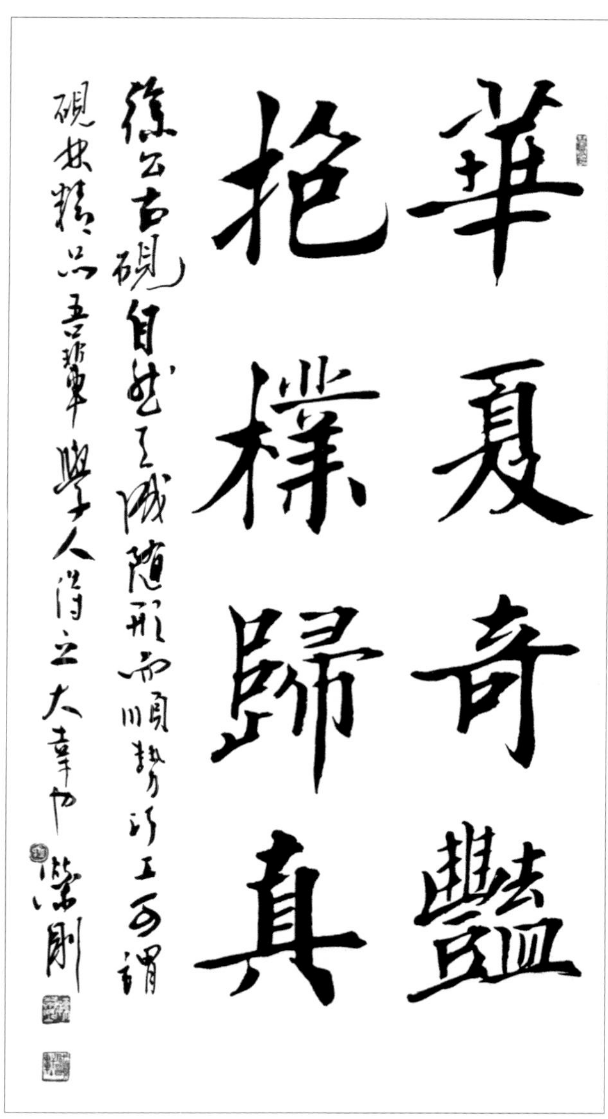

天津市书法家协会理事孙荣刚为徐公砚题词

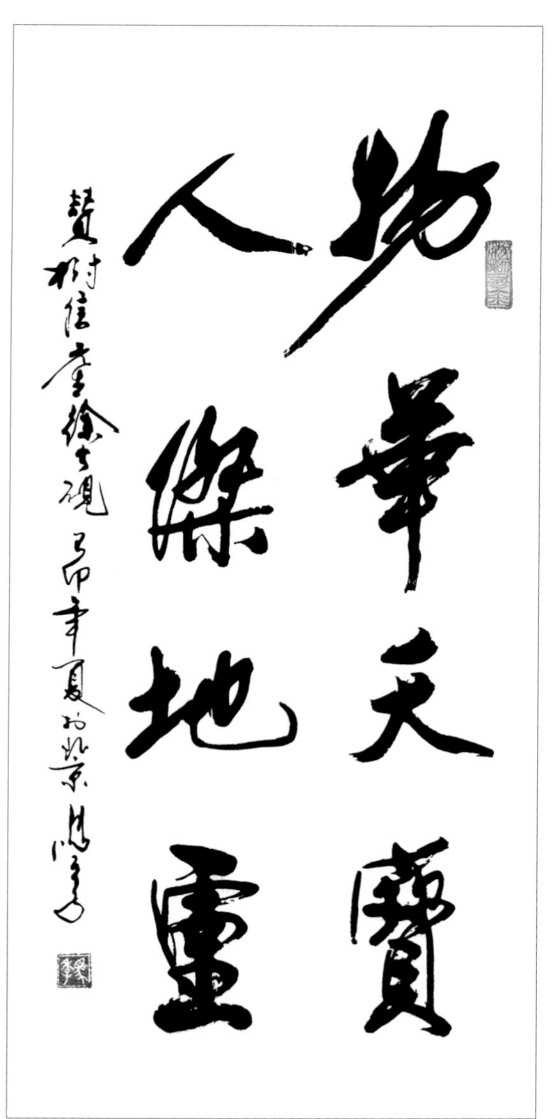

中国相声艺术家马季为徐公砚题词

兖州政协原副主席李宝亮为作者题赞

兖州政协原副主席、山东省书法家协会会员刘春为作者题赞。

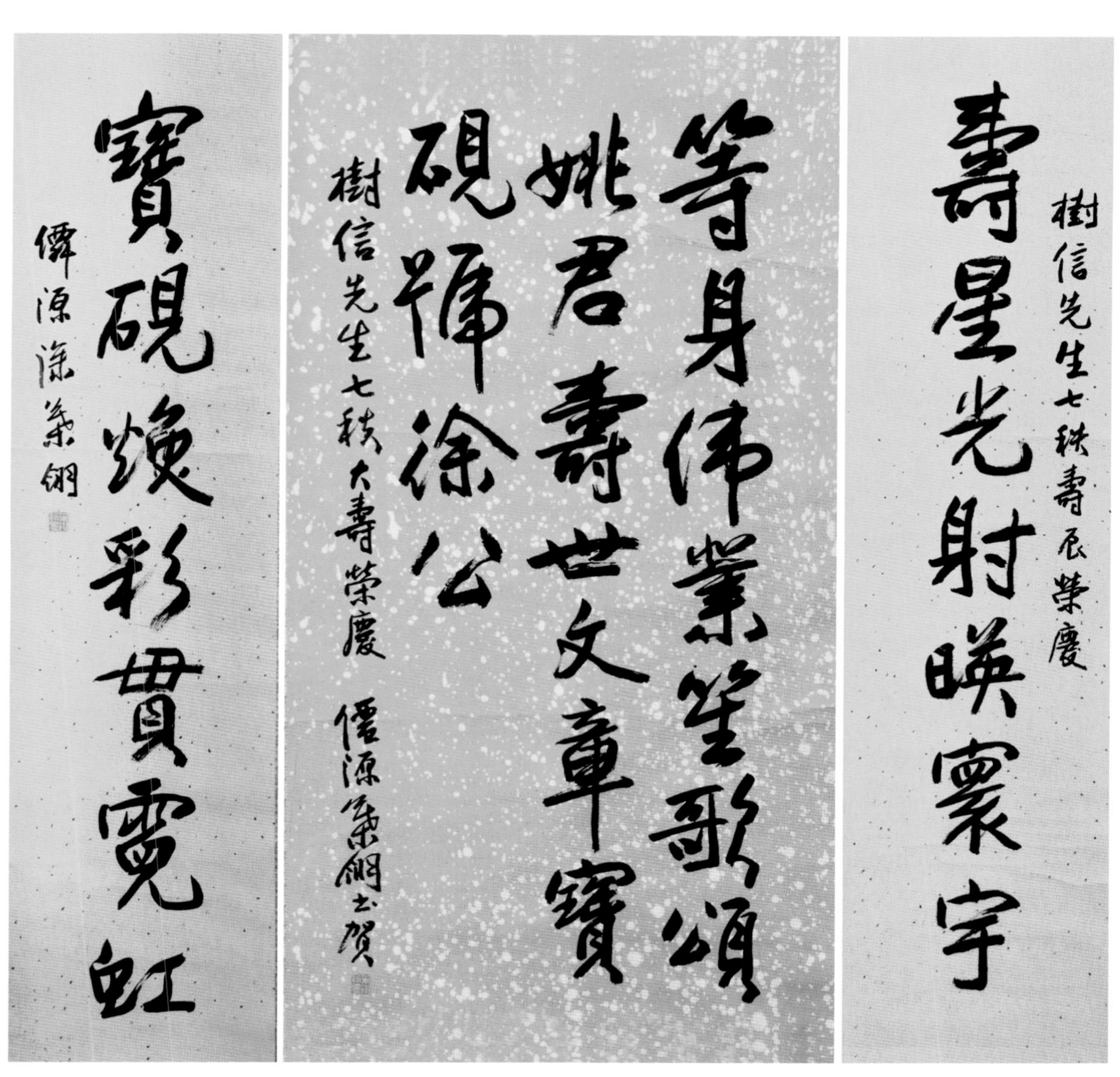

2009 年，朱复戡艺术研究会原副会长、中国书法家协会会员、著名金石书画家徐叶翎为作者七秩荣庆和开发徐公砚取得的成绩撰书题贺。

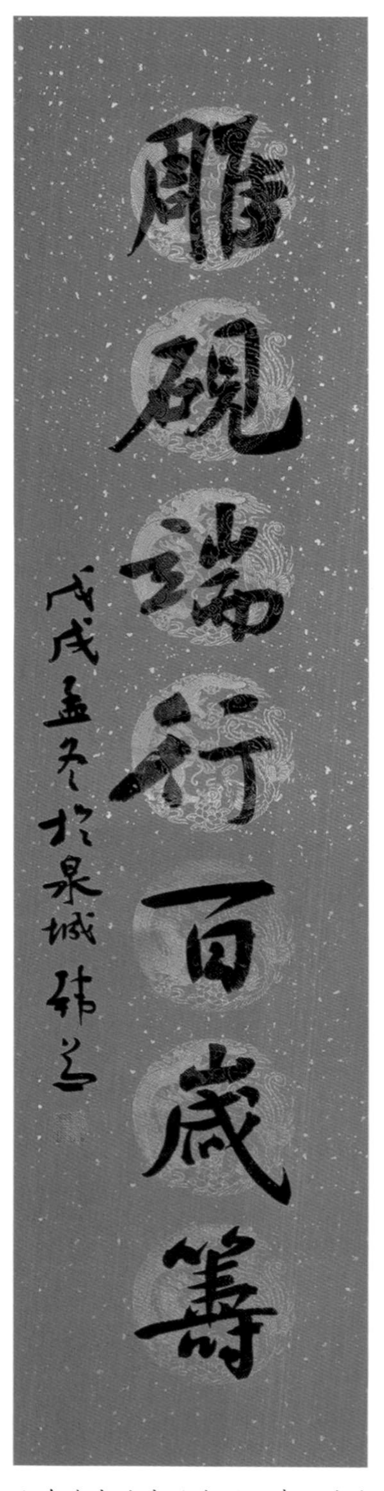

山东省书法家协会原理事、济宁市书法家协会原副主席、曲阜市书法家协会主席、孔子书画研究院院长韩益为作者开发徐公砚二十五周年题贺。

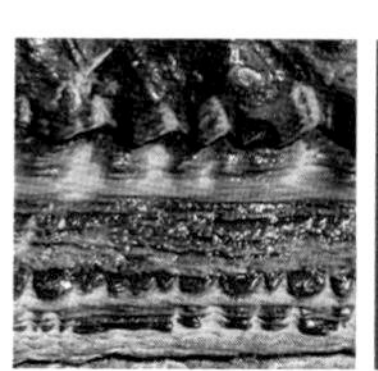

六、大师之谊

为了设计出文化底蕴深厚的徐公砚精品，自1994年开发徐公砚伊始，作者拜访了鲁砚的创始者石可先生，对作者致力于徐公砚的开发与创新给予了悉心指导和鼓励。师之大者，洞察天道人心，令人受益终生。

加入中国文房四宝协会之后，结识了端砚泰斗黎铿大师。1996年作者和黎铿大师在协会组织下一同赴日访问，和黎铿大师交流制砚技艺，建立了深厚的友谊。

多年来，通过协会组织的诸多活动又结识了更多国家级制砚大师。待人真诚，制砚求精，共同的追求让作者与大师们一见如故。

名师大家人才济济，都执着地为中华传统文化的传承倾注心血，昭示着文房四宝行业蓬勃发展的无限生机和希望。

泉城访贤寻砚道

——拜访石可先生

石可先生是我非常敬佩的一位砚界前贤。

1996 年 2 月，山东省政协七届三次会议期间，朱铭副主席约我到他的办公室，询问我在沂南开发徐公砚的情况。我向他作了简要汇报后，朱主席笑着对我说，他可以引荐我与石可先生相识，并向我简要介绍了石可先生的有关情况。

石可先生曾任青岛市文联副主席，山东美协副主席，第四、五、六届省政协常委，他是鲁砚重显于世的领路人，多年来选择砚石精心制作，早为鉴赏家所珍藏。他在 20 世纪 60 年代摸清了鲁砚石的分布情况以及特性和特色，足迹遍布山东的山山水水。石可先生把名字和石头联系在一起，他把自己的生命都倾注在砚石之中，让砚石焕发出新时代的生命。当时我正处在与石结缘、开始开发徐公砚的时刻，能由朱主席引荐，拜访石可先生，实乃荣幸之至。

第二天晚饭后，朱主席带我到了省政协宿舍石可先生的家。当时朱铭主席还在山东工艺美术学院任副院长，和石老有共同爱好、多有来往。他向石老介绍我："姚树信是省政协第七届政协委员，1994 年参加省委组织的民营企业家扶贫'光彩事业'考察团到沂南考察，并与之签订了联合开发徐公砚的协议，投入资金，组织产品参加了北京首届名砚博览会，并荣获金奖。多家报纸进行了报道，取得了好成绩，今天我带他和您认识并向您请教。"石老很高兴地询问我在沂南考察的情况，我回答说："某厂组建的徐公砚生产因无销路，已濒临停产，到外地开拓市场又缺乏资金，当时省工商联组织我们与当地洽谈，在当地政府的鼓励和支持下，与之签订了联合开发徐公砚的协议，现已投入资金、提高生产工艺。1995 年又参加了北京国际艺术博览会，徐公砚得到了国家领导、书法家、鉴评家的高度赞评。现正在准备参加 1996 年全国文房四宝艺术博览会，请石先生对今后徐公砚的开发进行指导。"

石老听了我的讲述后，对我说："60 年代我对徐公石资源就做过考察，其硬度适于做砚，质嫩理细、与墨相亲，色泽、纹理均为砚材中的上乘，特别是自然边痕的变幻莫测，见者无不称奇。以徐公石制砚，即要巧用其色泽、纹彩，又要巧用自然形体，有的砚材无需多加雕琢，便可成为生趣盎然、别具一格的砚品。如此好的砚石没被历史文人所发现，这可能与产地偏僻有关。现在为你所器重，并全力开发、创新，也是值得庆幸的。"

石老接着说："在 60 年代，我就到山东各地寻找砚石资源，'文革'期间还受到批斗。1976 年，我向省委高书记写了开发砚石的立项报告，年底批了下来，政府出资，经过了一年的准备。1978 年 6 月，省政府安排有关市县制作的数百方砚台运送到北京团城，由省政府出面举办了山东鲁砚展，引起了众多国家领导人、艺术家、收藏家的关注。原定展出时间为一周，应各方要求后延长至 2 个月，在社会上产生了一定影响。"石老还说："因各地生产的砚台销路不畅，小厂家就逐步停产了。1978 年以后国家的经济实行了改革开放，走市场经济的道路。现在你作为民营企业家担起了发扬传统文化、开发徐公砚这一项目，其资金投入、生产运作、原料开发以及展出筹划由你承担，肯定会遇到不少困难，你能坚持做下去就难能可贵。”

关于砚的销路，石老说：“端砚、歙砚在全国的知名度很高，一千多年来一直在生产和发展，而徐公砚在唐代兴盛一时，有些大书法家也做过高度的评价，但宋代以后因战乱和砚石产地的偏僻、交通闭塞、经济落后，逐步停产，以致被人遗忘近千年，现在对其重新开发，让世人知晓它的自然魅力，其特点被社会所公认，具有很大的难度，这就需要坚持不懈地努力开拓市场。我已经上了年纪，还需要更多的热爱砚石的年轻人从事制砚行业，就要有毅力，让徐公砚走入全国砚林，被世人所识，进入北京，打入全国市场，提高经济效益，我期待你开发徐公砚的好消息。”

说到此处，石老取出了书橱中他著作的《鲁砚》一书，并亲笔题字赠我以作留念，我备感珍惜。这次拜访石可先生，他那浓重胶东口音的亲切话语、和善慈祥的笑容、对我的鼓励和希望，以及他厅内深红色的红木雕龙沙发椅，一直还深深地留在我的记忆里。

当晚从石老家中出来，我顿感早春三月的泉城已是春意盎然，习习春风，令我神清气爽，石老的教诲更加坚定了我开发徐公砚的决心。此后多年间，我一直保持着与石老的联系，向其寻道问策，受益匪浅。2000 年 6 月，我参加在上海举办的中国文房四宝协会艺博会，参评徐公砚荣获“国之宝”证书，并被评为中国十大名砚，我即打电话告知石老。同年 8 月，我又打电话把我当选第四届中国文房四宝协会副会长的消息告知石老，石老听后，甚为欣慰。

2001 年 5 月

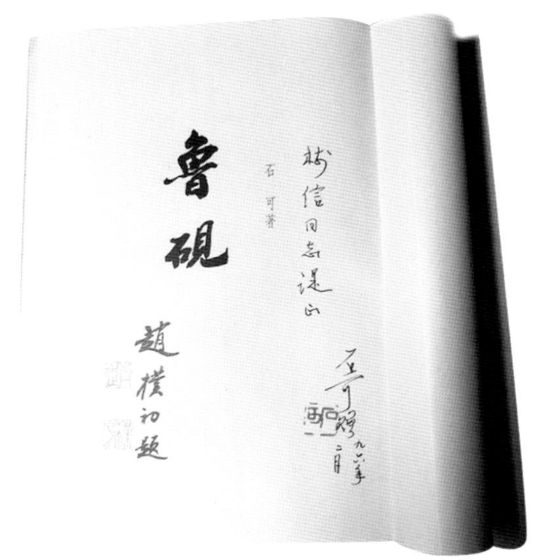

1996 年 2 月，石可先生赠予的《鲁砚》一书。

与端砚泰斗黎铿大师

我于1994年开始开发徐公砚，1995年在原轻工部乔明甫老部长引荐下，加入了中国文房四宝协会。当时肇庆市端溪砚厂制砚大师黎铿已是全国文房四宝协会副会长，在全国制砚界是大名鼎鼎的领军人物。1996年11月，中国文房四宝赴日访问团成行，我有幸一同参加，黎铿大师也是其中成员。黎铿大师在艰苦的环境中努力拼搏，上进图强，最后成为全国著名制砚大师的事迹，我在多本书籍中看到，对其万分钦佩。

在日本考察访问期间，与黎铿大师朝夕相处，对其待人真诚谦虚的态度以及对事业的敬业精神，有了更多的了解。他在日本有好多的老客户、老朋友，总是推荐给我，使刚入制砚行业的我能更多地了解国外行情及与日本客商进行交流。半个月的访日之行加深了我与黎铿大师的互相了解和友谊。

1997年，我专程到广东肇庆参观了他任厂长的端溪名砚厂。当时我在厂里看到一方巨砚，黎大师对我说这是受广东省人民政府委托，为庆祝香港回归专门定制、送给香港政府的礼品。此砚由黎大师亲自设计制作，他将传统工艺手法与当今的时代感融为一体，此端砚构思新颖，雕琢精细，端庄大方，集民族特色与现代气息于一体，具有很高的工艺价值、历史价值和收藏价值，堪称端砚中的瑰宝。肇庆之行临别之际，黎铿大师赠我一方他设计的精品，并陪我游览了七星岩，尽了他地主之谊。

黎铿大师是砚界泰斗，他对徐公砚自然天成、石纹纵横、层层有致、变幻神奇的特点给予了很高评价，在多次砚评中都做了公正的鉴定。

2019年深圳文博会盛大开幕，我带徐公砚参展。在中国工艺美术大师作品展中看到了荣获一等奖的黎铿大师2019年新作。和黎大师多年未见，他现在已是亚太地区手工艺大师、全国五一劳动模范、中国工艺美术大师、制砚专业委员会主任。

深圳文博会结束，我专程赶赴肇庆与黎大师相见。光阴荏苒，日月如梭，久别重逢，亲切之情难以言表。眼前的黎大师双眼炯然，神采奕奕，丝毫看不出已过了古稀之年。我们侃侃而谈，对发扬砚文化都壮志不已，表示以发扬我国的传统文化为己任，以后设计制作意境更高的作品。临别，黎大师将2019年获奖的生肖端砚赠予我作为留念。回兖后，我把此砚放在展厅，让更多的砚友共赏。

2019年10月

黎铿大师为山东砚宝斋题写斋名

为弘扬中华文化，宣传中国文房四宝，促进友好往来，开拓国外市场，了解日本市场行情，1996 年 11 月中国文房四宝协会赴日访问团成行，与黎铿大师（前右三）一同前往。

2000 年 7 月，在中国文房四宝协会第四届理事会第一次会议上，作者与黎铿大师均当选为协会副会长，会议期间合影留念。

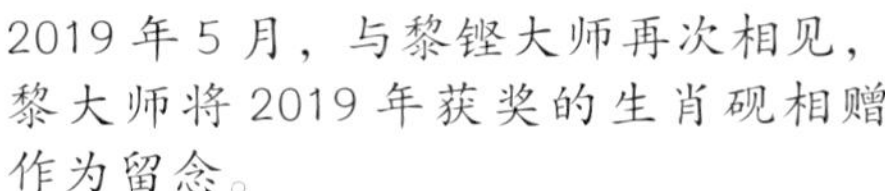

2019 年 5 月，与黎铿大师再次相见，黎大师将 2019 年获奖的生肖砚相赠作为留念。

松花砚中寓真情

——结缘彭祖述大师

在 2019 年 5 月第十五届中国（深圳）国际文化博览交易会期间，看到了吉林展出的松花砚，使我眼前一亮，其砚石质地、色彩、雕工都使我感到震撼，宫廷砚系列雍容华贵，简直不敢触摸。仿清宫砚已不足以用惟妙惟肖来形容，是美轮美奂，极具宝石之美和帝王之气象；微雕砚是砚界的一大创举。书法篆刻砚，把中华书法置于砚堂，甲骨、金文、汉简、魏碑精刻表现；自然天成砚给人生机无限、情趣盎然的美感，真是令人赏之、爱之。那巧夺天工、出神入化的松花砚作品，引领了传统砚雕艺术走向文人化、收藏品味化而富有“砚之为砚”的航向。松花砚雕刻大师彭沛介绍说，会上的展品多是其父彭祖述所作，因其高龄未能到会。他看到我如此钟爱松花砚，已知我在砚界的名气，遂将新出版的《彭祖述松花石砚作品集》赠送于我。

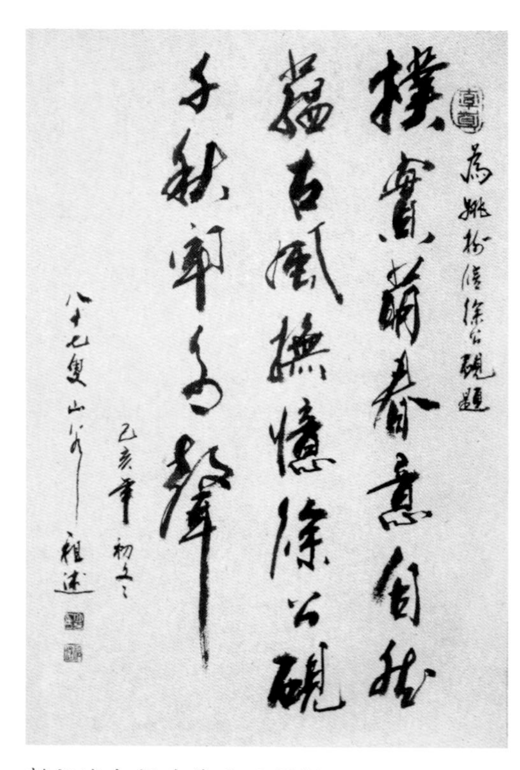

彭祖述大师为徐公砚题词

看了简介，方知彭老原任长春市文联副主席、吉林省美协副主席、吉林省书法家协会常务理事、长春市书法家协会副主席，现为长春市微刻艺术家协会主席，近年来由长春市政府、世界教科文组织、国家分别授予“长春市有突出贡献的老艺术家”“世界教科文卫组织专家成员”“中国工艺美术大师”称号。我对文化事业做出如此突出贡献的彭老，仰慕之心油然而生。我向彭沛先生表示诚恳邀请彭老方便之时来我砚宝斋参观指导。

2019 年 11 月，彭老一行应我之邀来兖，彭老对我展厅中的砚品一方方仔细看过，感兴趣的还停步细细端详。参观以后深有感慨地说：“我走过很多地方，看过很多名砚，真没有想到在山东还有这么好的砚台，这么精良的铭砚雕工。可以看出你对徐公砚的设计是有很深文化底蕴的，否则做不出这样好的砚台。依我看来，贵斋的徐公砚，特点是砚石是经过亿万年的水蚀风化而成的，自然古朴，其边痕的大小石乳和纵横纹理是其他砚石所没有的。你们制作的铭文砚引用了中华历代书法名人的书法真品，独具特色，而且雕工精良，把古名人的书法真谛皆能够充分体现出来，让人看了耳目一新。今日的参观对我们松花砚的制作来说受益匪浅，你们的作品对我们来说有很多借鉴之处，真是不虚此行。”在我征求他的意见时，彭老直爽地说：“你们的徐公砚贵在自然，要充分保留它的古朴自然之美，少雕花鸟鱼虫，继续创出自己的砚品特色。”八十七高龄的彭老思维清晰，分析透彻，所提建议准确、高明，我向彭老表示非常感激。临别之时，他再三邀请我方便之时到长春他的“彭祖述艺术馆”参观。

2019 年 12 月

与彭祖述大师亲切交谈

彭祖述大师赞赏作者设计的历代名家书法铭文砚

与亚太地区手工艺大师刘克唐

刘克唐大师，中国工艺美术大师、亚太地区手工艺大师、高级工艺美术师，历任国家级、省级工艺美术展评委，制砚艺术家，兼修书画、篆刻，善治铭文。曾参与编著《中国名砚鉴赏》，并著有《鲁砚的鉴别和欣赏》《刘克唐砚谱》等多部专著和论文。

刘克唐大师的作品，从全国各地搜集名石制成，其中包括红丝石、徐公石、歙石、端石、淄石、紫金石、田横石、紫丝石、龟石、尼山石、洮河石、石城石、贺兰山石、薛南山石、燕子石、松花石、赭石、易水石、湖南溪石、菊花石、灵璧石等。但无论什么石头，刘克唐首先注意存其天趣，由此形成“天人合一”“古朴典雅”的艺术效果。

刘克唐先生几十年如一日，潜心制砚艺术创作，其作品构思新颖，手法质朴，简洁抒情，蕴意深邃，具有鲜明的文人砚特色，其艺术成就在国内外都有声誉。

同姜书璞先生（中）欣赏刘克唐大师新作

刘克唐大师赠书题字

2019年11月，参加刘克唐先生在济南举办的制砚制铭展并合影留念。

与端砚制砚大师梁佩阳

与中国工艺美术大师、中国砚都肇庆工艺美术协会会长梁佩阳交流制砚工艺并合影。

梁佩阳先生，中国工艺美术大师、中国文房四宝制砚艺术大师、中国文房四宝协会副会长、全国文房四宝质量鉴定评审委员会副主任、肇庆市端砚协会副会长、端砚鉴定专家、肇庆市工商联常委，全国轻工业劳动模范、全国劳动模范，享受国务院特殊津贴。

梁佩阳大师为梁氏砚雕世家传人，在传统端砚工艺雕刻的基础上，致力于创新设计和雕刻技法，设计融入古诗词意境，雕刻着重山水文人砚，使端砚不仅是书写实用品，更多成为艺术作品；并注重名砚石的保护、收集、设计，使石尽其用。作为端砚世家的后人，秉承先辈的流派风格，以浅浮雕和深雕为主，手法多样，题材广阔，对古典文学中的诗情词意，人物形象，经过提炼升华，运用于端砚之上，使他的作品大放光彩。

在2019年深圳文博会上，梁佩阳大师说：在新的历史时期要痴心砚田，不忘初心，坚持始终。

与端砚制砚大师莫伟坤

与莫伟坤大师一起欣赏最新砚作，探讨砚文化。

莫伟坤，高级工艺美术师、广东省工艺美术大师、中国文房四宝艺术大师。擅长山水人物，在端砚的创制雕刻上，既保留了传统工艺技法，又突破了原有砚雕的规整形制，将端石天工妙品之意，与中国丹青绘画和石刻技艺巧妙融合，创作出意象传神、意蕴无穷的一方方现代端砚新品，其新自在于“精、神、逸、妙”之处，具有极强的艺术视觉感，更有深厚的历史、文化感。

与端砚制砚大师梁伟明

在砚都肇庆市国砚斋，与中国制砚艺术大师、中国端砚鉴定专家梁伟明相聚交流。

与歙砚制砚大师王祖伟

在 2019 年深圳文博会上，与中国工艺美术大师、全国人大代表、歙砚工艺传承人王祖伟交流并合影。

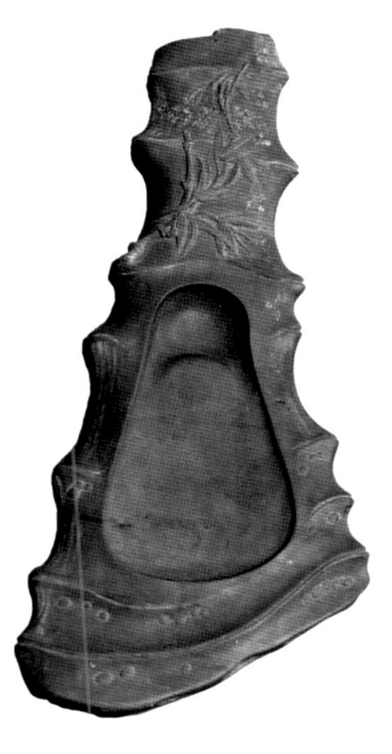

王祖伟先生，中国工艺美术大师，首届安徽省工艺美术大师，安徽省工艺美术学会副理事长，是歙砚雕刻史上第一位蝉联国家级专业金奖获得者，在砚林有“鬼斧神工”之誉。

王祖伟的作品独具匠心，构思巧妙，大气磅礴、诗情画意，其功力深厚、刀法挺秀、运用之妙、得心应手，所雕琢的歙砚注重人与自然的对话，讲究诗、书、画、印、雕的五位一体和文学、艺术、美学、哲学的相统一，强调实用、观赏、收藏于一体。作品美奂绝伦，有“寸砚寸金”之说。

1995 年中国名砚大展在北京皇史宬举办，王祖伟先生的歙砚和中国徐公砚同时参展，王祖伟先生向我赠送青竹砚一方，珍藏至今。之后我两次到黄山，皆与之相约聚会，并参观他的产品展厅。

2019 年 5 月 16 日参加中国（深圳）文博会再次相遇，倍感亲切。王祖伟先生已当选第五届中国工艺美术大师、全国人大代表。他的作品已入选“2019 中国百名工艺美术大师作品联展”。

与歙砚制砚大师俞青

俞青大师，酷爱丹青与雕刻艺术，现为中华传统工艺大师，安徽省工艺美术学会常务理事。俞青砚雕作品集自然、古朴、浑厚融书画于一体，既秉承传统砚雕艺术风格，又有创新与发展；作品因材施艺，追求意境，注重天趣与人艺的结合，由刻意追求雕工技法转而力求砚石神韵与稍辅雕工的写意风格，其作品曾多次荣获国家级工艺美术大奖。

2019 年 9 月，在第八届山东省艺博会上，与俞青大师切磋技艺，合影留念。

与歙砚制砚大师胡笛

在参加各地艺术博览会期间，多次与著名砚雕家、安徽省工艺美术大师胡笛先生相遇，交流砚文化，建立了深厚的友谊。

胡笛擅长浮雕、圆雕、镂空雕，在继承传统技法的基础上汲取诸家之长，刀法细腻精奇，构思新颖独特，作品具有极高的实用和收藏价值。作为砚雕技艺非物质文化传人，胡笛始终坚守砚雕艺术的创作，成就斐然，影响甚远。

与松花砚制砚大师彭沛

与吉林省工艺美术大师、中国工美行业艺术大师、中国优秀民间艺术家、松花砚工艺传承人、长春民间艺术家协会副主席彭沛先生交流砚文化。

与松花砚制砚大师许延盛

观赏松花砚制砚大师许延盛先生的新作并合影

与洮砚制砚大师李海平

与李海平大师合影

洮砚制砚艺术家李海平，是国家级非物质文化洮河砚制作技艺代表性传承人李茂棣之孙。他所展现的洮河砚极具甘南藏族地域特色，是“一带一路”核心部位甘肃的老字号品牌。

李海平大师擅长雕刻古今人物、山水，其作品多次在全国各省市工艺品大赛中获奖，并赢得荣誉。现为中华传统工艺名师、甘肃省工艺美术大师、甘肃润玉洮砚艺术研究院副院长兼秘书长、甘肃卓尼李氏洮砚研究会会长、甘肃卓尼洮砚协会副会长，是极有潜力的青年雕刻师之一，制砚行业的工艺专家和领军人物。

李海平说：开拓洮砚市场，与国内外同行深入交流经验。做强、做精、做好、做大洮砚业，把洮砚艺术文化传承发扬下去！让藏砚家得到有收藏价值的稀世宝砚！

与贺兰砚制砚大师周云峰

在第十五届深圳文博会上，与周云峰大师探讨砚文化。

周云峰大师从事贺兰砚雕刻近30年。他在继承了前辈雕刻技法的基础上，在题材创作和雕刻技法上大胆创新，推出了很多砚台造型，极大提升了砚雕艺术表现力与发展空间；其作品刀法细腻，精而不繁，具有地域文化与传统文化相结合的显著特点，时而透出清秀飘逸，时而彰显浑然大气，赏心悦目、雅俗共赏，其风格自成一体。其作品多次在全国工艺美术行业和自治区级工艺美术行业大型会展中获奖。

他的主要代表作品《金玉良言》《踏雪寻梅》《鸣春》《夜澜》《朦溏隐居》等多方贺兰砚雕代表作品表现手法上乘，感染力强，在全国砚界享有较高声誉。

与民间工艺美术大师尹传宏

1994 年 8 月，我到沂南考察开发徐公砚项目，经县委领导引荐，认识了尹传宏大师，当时他是沂南诸葛亮艺术社社长、临沂工艺美术大师，在剪纸工艺和手指画创作方面颇有造诣，被中国民间文艺家协会和联合国教科文组织授予民间工艺美术家，后转入研究制作徐公砚，拜制砚大师叶连品为师，制作了很多精品。多年来，我常与他探讨砚的设计和创作。尹大师谦虚温和的性格以及对艺术创作的独特见解使我非常赞佩，两人成为好友和协作的伙伴。

在国庆 60 周年前夕，尹大师准备制作一方民族大团结砚，与我切磋图案设计，我提供给他了建国六十年纪念邮票图片作为参考。经过一个多月的精心制作，完成一方民族大团结巨型砚：56 个民族的人物表情和代表各个民族的舞蹈惟妙惟肖，整方巨砚气势磅礴，受到政府及各界人士的高度赞赏。在庆祝抗日战争胜利 50 周年活动中，我赠送给老将军的徐公砚，一部分即出自尹大师及其弟子之手。尹传宏现为山东省工艺美术大师，他收藏的各式油灯已在沂南古今博物馆展出，是山东省首家油灯文化专题性博物馆，其成就真是可喜可贺。

与尹传宏大师切磋徐公砚的创意设计

1997 年，作者与沂南县委工商联、统战部有关领导及尹传宏大师师徒合影。

与红丝砚制砚大师杜吉河

与红丝砚制砚大师杜吉河在一起

杜吉河，中国文房四宝制砚艺术大师、青州市红丝砚协会副会长、《青州红丝砚谱》常务副主编、杜氏砚庄主人。自幼生长在红丝石产地“黑山”脚下，痴迷于齐鲁传统石雕技艺和红丝石砚的设计制作，作品多次在全国大展中获奖，热衷于青州红丝石砚的历史文化发掘与宣传推广，为弘扬青州文化和鲁砚的发展传承做出了突出贡献。

与淄砚制砚大师高洪刚

与书画家、淄砚砚雕大师高洪刚在一起。

与金星砚制砚大师王开全

在 2012 第四届山东省文博会上，与王开全大师交流。

在第十五届深圳文博会上，与金星砚制砚大师王开全合影。

2012 年 8 月山东省文博会期间，我与王开全大师相遇、相识，王开全大师穿着朴素、性情谦和，两人一见如故。细观王开全大师的展品，其材，水石殊质，浑金璞玉；其艺，依自然取样造型，立体浮雕，栩栩如生，淳朴雅观。在他的刀下，山川河流、悬崖峭壁、人物风情、亭台楼阁，令人心旷神怡，静中有动，实是令人赏心悦目，意境传神。其金星砚石，亮光闪闪，形状各异，如同颗颗宝石，镶嵌在墨玉中，像夜空中熠熠生辉的繁星，有的还形成一条曲线或彩带，如同夜空中金龙腾飞。

王开全大师对我说："多年前就听说姚老师的大名，在书上也看到了对您事迹的报道。由于您长期的不懈努力，在全国各地宣传徐公砚，增加了徐公砚的知名度，扩大了徐公砚的销量和效益，我们都非常感谢您。"以后我专程到费县参观他的工作场地，看到他的儿子和徒弟们潜心制砚的情景和琳琅满目的砚作，深为他高兴。2019 年 5 月在深圳文博会上我又一次与王大师相逢，两人切磋技艺，互相交流，增进了友谊。

与砣矶砚制砚大师王守双

中国制砚艺术大师王守双，山东省非物质文化遗产砣矶砚传承人，山东省工艺美术大师。

砣矶砚石产于山东长岛，它始于千年前的北宋，盛于明清。清朝时，砣矶砚为宫廷贡品。砣矶石制成的砚台，黑泽如漆，金星闪烁，雪浪腾涌。具有研不起沫，涩不滞笔，油润而不吃墨之特点，受到历代文人墨客的喜爱，视之为宝。

历经了几百年的风雨之后，长岛砣矶砚沉寂了很长一段时间。直到 1978 年后，王守双才制出了中华人民共和国成立后岛上出产的第一方金星雪浪砚。一块块看似平常的石头，在王守双的手里神奇般地变成了一块块精美的艺术品，金星雪浪砚被赋予了新的内涵。1985 年，著名书法家舒同先生来长岛，王守双连夜刻制了一方“二龙戏珠”砚，舒同先生见状啧啧称奇，爱不释手，并挥毫写下“金星闪烁雪浪翻，为文发墨赛马肝”的佳句。

在山东省第八届文博会上参观中国制砚艺术大师、长岛砣矶砚雕刻技艺传承人王守双砚作。

与尼山砚制砚大师李春汉

与山东省民间手工艺制作大师、山东鲁砚协会副会长、曲阜孔子文化学院教授、尼山砚制砚名家李春汉在省文博会上交流砚文化。

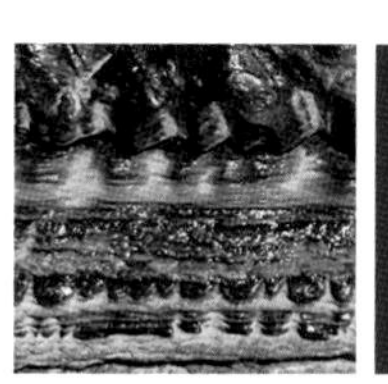

七、艺坛砚缘

“一拳之石见岱岳，一勺之水显沧海。”徐公砚天然的砚型，有一种与生俱来的原始、古朴的美，具有极高的艺术价值和收藏价值。徐公砚在展会上一亮相，就吸引了人们的眼球。其积蕴天然、石质温润、层峦叠嶂、返璞归真的特点，让砚石爱好者、收藏者耳目一新。

作者在传承和弘扬徐公砚的活动中，以砚结缘了众多艺术家：书法泰斗启功，国画家尹瘦石，书法家刘炳森、欧阳中石、李铎、张飙、段玉鹏，词作家黄奇石，书画家范曾，雕塑艺术大师韩美林，漫画家丁聪……

如果说艺术家的作品是其“精神的容器”，那么与艺术家的面对面，则能被其精神所感染！

最忆大师是启功

启功先生是当代德高望重、闻名国内外的学者、书画家、教育家和文物鉴定家，他不仅在书画创作方面取得了卓越成就，在古典文学、文字学、诗文声律、红学、佛学、文物鉴定领域也有精深的研究。他在教师生涯中以严谨求实的方法、循循善诱的长者风度和忘我的奉献精神辛勤耕耘、孜孜以求，为我国培养了一大批专业人才。不管青少年时代家境多么困难，不管前进道路多么曲折，他总是坚定乐观、不知疲倦地从事着学问研究、教学和书画创作工作，为中华民族优秀文化的继承和发展做出了杰出贡献。

为弘扬启功先生为人师表、虚怀若谷的高尚情操，学习启功先生严谨治学态度，展示启功先生卓越的书画创作成就，促进社会主义先进文化建设，国家文物局、北京师范大学、中央文史研究馆、全国政协书画室、文化部于 9 月 6 日在北京东方美术馆联合举办了“启功书画展”。

启功先生在开幕式上致辞，他深情地说：“我能活到 90 岁，这是我做梦都没有想到的，这是党和国家及领导关心并给予我的健康。”突然，启老把话题一转：“北京师范大学有好多郁郁葱葱的树木和绿色草地。”这时会场上鸦雀无声，都认为启老的讲话离题了，启老接着说：“我就是北师大广阔草地上的一棵小草。”其谦虚过人、语重心长的话，令在场者肃然起敬，赢得参加开幕式千余人的热烈掌声。

宽阔宏大的展厅内，展出了启功先生从 20 世纪三四十年代至九十年代不同时期书画作品二百余幅。这些作品无论是大到丈二匹的书法“自作诗”，还是小到盈尺的山水扇面，都与启功先生意味悠长的自题诗文款识互为映衬，成为诗、书、画三绝，可谓映堂生辉的绝妙佳品。

启功先生的书法内刚外柔，刚柔相济，铁画银钩，典雅飘逸。既有魏晋风韵，又有时代精神。书画传统功力之深，文化底蕴之厚，艺术感染力之强，品德之高，使人震撼。启功先生的书法不仅是书家之书，更是学者之书，诗人之书。他渊雅而见古韵饶有书卷气息，他隽永而兼洒脱，使观者觉得余味无穷。人们常说“书如其人”，启老的书法正如他的人品一样端庄。

展出的启功先生的画有竹、兰、梅和山水，均表达了他清正渊和的思想境界和气质。书法与画相得益彰，而画中墨分五色的清雅韵致，又得力于他渊博的学识和严谨的创作态度，足见他的作品达到炉火纯青的艺术境界。

展厅的东墙上，悬挂着启功在教学、科研、文物鉴定及社会活动，以及受到中央领导接见时的图片、资料。他在设立“励耘奖学助学基金”捐赠仪式上的巨幅照片最为醒目，启功为设立此项奖学基金，将历经数年创作的书画作品于 1990 年在香港举办“启功书画义展”，把卖字画所得 163 万余元全部捐给学校。有人曾建议用此款设立启功艺术馆或以他的名字命名此项基金，均被他婉拒，而以启功的先师陈垣书屋的名字“励耘”二字命名，目的在于学习陈垣先生的爱国思想，继承和发扬陈垣先生辛勤耕耘、严谨治学的精神。此举体现了启功先生的恩义观，广为流传。

启功将 163 万元捐给学校，设立“励耘奖学金”，自己的生活却相当俭朴，我曾多次到启功先生家里拜访，给我留下很深的印象。

在提到书法使用繁体字还是简化字时，启老说：“文字是语言的符号，是人与人交际的工具，简化字是国务院颁布的，在书法中也应该应用它。”当提到当前社会上发现许多伪造先生书法的赝品时，先生风趣地说：“写得好的是假的，写得不好的是真的。”关于建议追查赝品，先生说造赝品是历来禁不了的，何况人家也要吃饭。但当提到有人冒先生的名义在字画上题名落款，先生则严肃地说：“我对这种行为必须讲话，这与仿我的书法不同，这是以我的名义欺诈别人，我要保留追究责任的权利。”启功先生言语举止极其和蔼从容，继而是见识的精辟，然后是知识的广渊，最令人倾倒的是情感的厚重与深远。我和启老对坐，倾听启老纵谈古今，望着先生圆而不露棱角的面貌，老佛爷般的笑容，边听先生幽默风趣的语言，怀想先生几十年生命历程中经历的风刀霜剑与冬温夏清，令我心中涌出宋人程颢的《偶成》诗：“闲来无事不从容，睡觉东窗日已红。万物静观皆自得，四时佳兴与人同。道通天地有形外，思入风云变态中。富贵不淫贫贱乐，男儿到此是豪雄。”

启功先生作为我国当代文化名人，他集诗、书、画于一身，享誉国内外，自然天天离不开文房四宝，关心文房四宝事业的兴旺发展。他被聘为中国文房四宝协会顾问，乐于同砚工、笔工交友。经常以自己在书法活动中的经验和体会给制砚、制笔专家提出改进意见和建议。

先生在数十年笔墨生涯中，使用和收藏了不少好砚，先生曾有两方御砚，一方是康熙自用的，一方是雍正赏给田文镜的，可称是无上神品。后来启功先生捐给了辽宁博物馆。1994 年，我在全国名砚博览会徐公砚展出期间，送给启老一方天然徐公砚，没有过多雕饰，发墨极好，先生很是喜欢，欣然写下了“中国徐公砚”题签。后又在画案上放上几块其他砚作比较，亲自注水磨墨体验，他说：“砚石以坚润细腻、贮水不涸、易于发墨为上品，而不在雕工精巧华丽，雕饰为了观赏，过多的雕饰往往影响使用，细缝中存了墨汁难以清洗，日久天长，还使砚受损。”由于先生博学多闻，在与先生交谈中，使我受益匪浅。

（原载 2002 年 11 月 17 日《济宁日报》
姚树信 / 文）

2002 年，作者（左一）陪同全国人大原委员长乔石在北京东方美术馆参加启功书画展开幕式。

怀念尹瘦石先生

当我接到著名书画家尹瘦石先生不幸逝世的讣告后，心中十分沉痛，我国画坛又失去了一位德高望重的杰出书画家。宗师在世，画坛共仰；哲人其萎，艺坛同哀。

我在尹老生前曾两次拜访和看望他。和尹老相识，幸由尹老之弟尹安石教授引荐。尹教授从教于南京林业大学，1990 年我在南林大进修时认识了尹安石教授，我子浩然在南林大攻读硕士学位时，尹教授又是浩然的美术老师，因而和尹教授感情甚深。和尹教授交往中，他多次谈到其兄尹瘦石先生的往事：1945 年 10 月国共和谈期间，尹瘦石在重庆曾为毛泽东主席作写生肖像，在重庆与诗人柳亚子举办“柳诗尹画联展”，毛主席曾为此画展亲笔题字。是年尹先生 26 岁，风华正茂，获此殊荣，足可载入史册。我对尹老早已慕名，听尹教授一席叙谈，对尹老更是钦佩之至。

1994 年，我携徐公砚在全国首届名砚博览会上参展期间，由尹教授引荐，实现了我拜见尹瘦石先生的夙愿。尹老先生在客厅亲切地接见了我，当他得知我全力开发徐公砚，了解到徐公砚的历史渊源和自然天成的特色后，甚感兴趣，精神倍增。他向我谈到了汉代的陶砚，魏晋时期的青瓷砚和唐代中期以后的石砚，又讲了明、清两代砚的发展和四大名砚的特色，他鼓励我说：“唐代徐公砚已负有盛名，但宋代以后绝少生产，世间流传甚少，现在你又着手开发，让徐公砚重放异彩，实是一大壮举。”我听后深受激励，尹老不但是国内著名书画大师，而且对砚深有研究，此一拜见，受益匪浅。

和尹老交谈，他是那样的博学多识、温文儒雅、和蔼可亲、平易近人，刚见面时的拘谨顿消。尹老的客厅里悬挂着一幅奔马图，画面上烈马成群，奔竞驰骋，左上方题写的东坡诗句：“蹄间三丈是徐行，不信天山有坑谷。”流露出尹老的豪情和向往。尹安石教授对我介绍说，其兄 1947 到 1956 年曾在内蒙古工作近 10 年，广阔的草原上勇敢彪悍的骑手令他取得了新的艺术灵感。画马实为尹老特长，怪不得尹老笔下的马这样神态生动、气象万千。

在尹老的书房里，我有幸观赏了尹老的书法条幅，既有正楷，又有行草，皆结体深稳、气势宏阔、流畅温润、华滋细腻、英俊内蕴，他以画理入书法，分行布白，疏密缓急，自成家数，不愧为我国一代宗师。

尹老一画数万金，可家中陈设古朴。他毕生创作的代表作及收藏的历代书画、艺术珍品皆于 1992 年无偿地献给了自己的家乡——江苏宜兴市，体现了他热爱家乡、无私奉献的崇高品格。1996 年我进京参加中国文房四宝艺博会名砚大展时，得知尹老病了，专程到协和医院看望他，赠一篮鲜花，祝他安心静养，早日康复。尹老点头示意，询问我这次参展情况，当他得知徐公砚的选材、制作、雕刻、包装皆有提高，在此次全国名砚大展中又获殊荣后，露出了他那慈祥的笑容。这笑容是对我的赞许，是对我的鼓励，将永远留在我的记忆中。

4 月 29 日，我进京参加了在八宝山殡仪馆举行的向尹瘦石同志告别仪式。这天上午阴云密布，小雨蒙蒙，加重了悼念者的沉痛心情。告别厅外悬挂着众多书画家写的挽联，老舍夫人胡絜青在挽联上写道：“已往翰墨功绩留青史，犹存爱国赤胆励人民。”全国政协主席李瑞环来了，著名书法家启功、沈鹏来了，著名画家秦岭云、靳尚谊、张仃来了，全国文联主席管桦来了，在京的 300 多位著名书画家、艺术家和社会名流冒雨前来参加对尹老的告别仪式。在告别仪式上，我和中国书法家协会代主席沈鹏、中央美院院长靳尚谊一排向尹老行了告别礼。尹老遗体上覆盖着鲜红的中共党旗，静躺在苍松劲柏之中，周围布满了中共中央、国务院、全国政协等党和国家领导人敬献的花圈。

尹瘦石大师一生忠于党的文艺事业，他的去世是当代文艺界的一大损失，但他的精神和他的艺术将永留世间。尹老生前对徐公砚艺术内涵的高度评价和对我开发徐公砚的充分肯定，将激励我为使徐公砚誉满国内、走向世界作出不懈的努力。

（原载 1998 年 6 月 6 日《齐鲁工商报》
姚树信 / 文）

尹瘦石先生画作

爱的奉献

——记中国歌剧舞剧院副院长黄奇石

1995年8月，我在京参加发展中国传统文化研讨会期间，拜访了《爱的奉献》的词作者黄奇石。

黄奇石时任中国歌剧舞剧院副院长，是我国著名的歌舞剧作家。黄院长的爱好和他的名字非常巧合，他除了专长编剧填词外还酷爱奇石名砚。1995年，经我国著名男歌唱家王楠引荐，我认识了黄院长。他对我国石文化和各地名砚奇石颇有高见。他说："石从自然中来，从山野中来。我国的石文化可追溯到女娲补天，历代名家李白、白居易、苏轼、米芾皆珍爱奇石名砚；近代的郭沫若、沈钧儒对奇石名砚皆情有独钟。"黄院长谈起石头来还讲了一个我从未听说过的故事：毛主席小时候，妈妈希望他长得结实健壮，就给他起了个小名"石三伢子"，多么质朴的感情!

1996年，黄院长在全国名砚大展期间，参加了我举办的徐公砚开幕式。他观看了展出的一百多方石质、造型各具奇异的徐公砚，了解了其亿万年形成的边缘纹理和抚之如柔肤、叩之似金声、涩不留笔、滑不拒墨的特色后，视若珍宝。对我致力于徐公砚的开发倍加赞赏，当即手书七绝一首："徐公有幸遇姚公，不使长埋蒿莱中。人间际遇常如此，终须巨眼识英雄。"由于我们对砚石的共同爱好，几年来建立了深厚感情，书信来往不断。

这次去京专程拜访，久别重逢，亲切备至。我首先祝贺黄院长创作歌词《爱的奉献》在最近北京举办的"爱心与祖国同在"大型赈灾晚会上演出的又一次成功。黄院长说："我也看了这场晚会，韦唯专程从美国回国参加这次赈灾晚会，她的确唱出了感情，唱出了效果。整个会场沉浸在'爱'的旋律中。众多的企事业单位和个人纷纷列队走向捐款箱，向灾区人民呈献一片片爱心，当场为灾区捐资4亿元，充分体现了'爱'的魅力。"黄院长讲到这里也高兴地笑了，他说："《爱的奉献》第一次演出是在1989年春节联欢晚会上，由韦唯演唱，从此流行于全国，尤其是流行于广大医务人员和青年学生中。事隔9年，《爱的奉献》又成了这次赈灾晚会的主题歌，经受住了时间的考验，显示了它的生命力。"黄院长说到这里停了片刻又接着说："一首歌是否能流传开来，词固然重要，更重要的是谱曲的成功，好的词需要有大家爱听的美的旋律，好曲也要有富有哲理的词，词和曲是相辅相成的。《爱的奉献》是作曲家刘诗召谱曲，广为流传的《军港之夜》就是出于他手。《爱的奉献》又一次获得成功，也是刘诗召的成功。"他说："乔老（中国歌剧舞剧院前任院长乔羽）也认为一首歌，词重要，曲更重要。他在10年前就写出《思念》这首歌词，但由于曲子不成功，迟迟没有流传开来。后来由作曲家谷建芬谱曲，毛阿敏在春节晚会上演唱，终于使《思念》这首歌脱颖而出，流行全国。"黄院长在成绩面前认真强调谱曲的重要，把他写的词放在第二位，体现了他谦虚、诚恳的大家风范。

当我又好奇地问黄院长《爱的奉献》的创作经过时，他说："1989年，中央电视台刘瑞琴执导《人与人》栏自，她要我为电视剧《她比幸子更幸运》编写歌词，并给我讲述了故事的梗概：一位小学女学生经医生诊断得了白血病，要治疗这种病对一个小县城的普通职工之家，其治疗费对他们来说，实在是个天文数字。父亲无力为女儿治病，就带她到北戴河去游玩，让寿命不会长久的女儿尽情领略世间美景，多给女儿一些愉快。同学们知道了这个不幸的消息，都自发地捐出了自己的压岁钱为她治病。这个不幸的消息传到了社会，大家都不忍让一位聪明、可爱的学生过早地离开人间，社会各界都向这位女同学伸出了友爱之手，后转入北京医院精心治疗，使病情出现转机，可爱的小脸上又露出了幸福的笑容。我听了很感动，没费多大劲、没费多少时间，就为这个电视剧写出了歌词：'这是心的呼唤，这是爱的奉献，这是人间的春风，这是生命的源泉……'《爱的奉献》这首歌就是要唱出人与人之间的真实感情，这种爱是广义的。同在蓝天下，同在一个土地上，让我们一起高唱爱的歌。这首歌 1990 年被评为当代青年热爱歌曲一等奖，后又走出了国门，传到了日本、美国。"

黄院长为我介绍，中国歌剧舞剧院由中国歌剧院、中国舞剧院、中国民族乐团和中国交响乐团组成。黄院长就是分管全院的创作编排，我问黄院长还有哪些大作时，黄院长说："几十年来我创作歌词上百首，我比较满意的，除《爱的奉献》外，还有电视剧《小龙人》的主题歌《东方有个梦》，另外还同青年作曲家徐沛东合作，写了电视剧《陈嘉庚》的主题歌，还为歌剧《马本斋》写了词，近几年我担任了纪念辛亥革命八十周年大型文艺晚会、纪念毛主席诞辰一百周年《山高水长》晚会和庆祝建党七十五周年《壮丽行》文艺晚会的总撰稿。"黄院长在提到毛主席时，对我叙说了他的高见："毛主席是政治家、军事家，他是中国革命战争的指挥者、决策人，周恩来则是毛主席革命战略的忠实执行者。在 1945 年重庆国共和谈期间，毛主席所作的词《沁园春・雪》在报纸上公布后，蒋介石召集了近百名文人墨客，想再写出高过毛主席的诗词，但均敌不过《沁园春・雪》的宏伟气魄。柳亚子也不得不说：'让我汗颜，无词以对。'毛主席是中国的全才。"黄院长谈到这里引用了一位名人的话："没有英雄的民族是不幸的，不认识自己民族的英雄是可悲的。"我们中华民族几千年出一个毛泽东，这是我们中国的骄傲，是我中华民族的光荣。黄院长把他对毛主席敬仰的感情全部在他编排的歌舞剧《骄子》中表达出来，在人民大会堂纪念毛主席诞辰一百周年文艺晚会上演出，受到中央首长的一致好评。

在和黄院长的交谈中我得知，他出生在福建省晋江县山区一户农民家庭里，初中毕业后，因家中生活困难，父亲本不想让他继续报考高中，是他母亲借了一元钱做为报名费，考上了县高中，后来就读于厦门大学艺术系。毕业后分配到文化部，以后调到中国歌剧舞剧院工作，现在身负整院剧目创作重任。几十年来黄院长致力于歌舞剧创作，每个歌舞要写歌词，需要渊博的历史知识和深厚的文学功底。两鬓白发和前额的皱纹记录了他几十年为创作所付出的艰辛。在我向他提起歌剧舞剧院庆祝中华人民共和国成立 50 周年献礼节目时，他说："正在创作歌舞剧《郑成功》，《青春之歌》也在改编中。"黄院长诚挚地说："党培养我这么多年，使我从一个偏僻山村的农民儿子成为一个词作家，现在又重任在肩，我一定尽全力抓紧我有限的岁月，写出更多更好的歌词和剧目献给全国人民。"

历时 3 小时的谈话，黄院长没一丝倦意，我深为他高尚的人品和对党、对人民的深厚感情所感动。临别之际，黄院长应我的要求，铺展宣纸，悬笔在手，龙飞蛇舞，硬撇柔捺，苍折劲勾，书写了《爱的奉献》中的一段歌词"只要人人都献出一点爱，世界将变成美好的人间"，多么美好的词句，且书法流畅温润、结构沉稳，在我收藏的名人字画中，又增添了一幅字中奇葩。

（原载 1998 年 9 月 27 日《济宁日报》
姚树信 / 文）

附记

相隔 24 年翻出珍藏的旧报，重读此篇报道，当时与黄奇石院长交谈情景又浮现在眼前。和黄院长相识，因砚缘建立了深厚的友谊，并成为知己好友。

1999 年，我新建的砚宝斋装修一新，隆重开业，黄院长受我之邀，参加剪彩仪式。他还带领了中国歌剧舞剧院 5 位国家一级演员现场作了演出，轰动兖州。每逢中国文房四宝艺博会展出期间，黄院长总是到我的展位观看徐公砚新品，并与我畅谈。2002 年，中国歌剧舞剧院排演大型话剧《原野》，这部作品是中国现代文学史上最杰出的戏剧大师曹禺先生的经典名著，在北京保利大剧院演出。当时我正在北京参加会议，黄院长亲自邀我观看演出，让我十分感动。

1998 年作者在黄奇石先生家中介绍徐公砚开发的最新进展

与书法家刘炳森先生

刘炳森先生，原任中国书法家协会副主席、中国文联副主席、中国人民政治协商会议全国委员会常务委员、中国教育学会书法教育专业委员会理事长，其书法艺术造诣在国内外享有很高的声誉。

1995 年，中国书法家协会副主席刘炳森先生在北京皇史宬参加徐公砚精品展剪彩仪式。在新闻发布会上，北京电视台记者向刘炳森先生提问：“您是德高望重的大书法家，请问根据您的感受您最喜欢哪种砚台？”刘先生笑着回答说：“我自幼书写书法用过多种石质的砚台，我最喜欢的当属徐公砚，因为其石质硬度适宜，质嫩理细，温良如玉，且每方都是自然天成，形态各异，既实用又可观赏，使我倍加喜爱！”刘炳森先生现场取出了为徐公砚的题词：“金石长不朽，书画自延年。”赢得了参观者的热烈掌声。

刘炳森先生为徐公砚题词

拜访刘炳森先生

1996 年 5 月，在中国美术馆迎接刘炳森先生参观徐公砚展。

2002 年，在北京与书法家刘炳森一起应邀参加中日砚台书法作品交流展开幕式。

与书法家欧阳中石先生

1997年，我拜访中国书法家协会原副主席、首都师范大学教授、著名的学者、教育家、书法家、书法教育家欧阳中石先生。中石先生博学多才，对中国传统文化、艺术有较全面、精深的造诣。书风妍婉秀美，潇洒俊逸，既有帖学之流美，又具碑学之壮大。我向中石先生汇报了开发徐公砚的进展情况和扩大徐公砚知名度所采取的诸多措施，其对我给予了充分的肯定和鼓励。中石先生先后破例两次为徐公砚题词：“积蕴天然”“天趣人会”，高度概括了徐公砚的特点。

欧阳中石先生欣然为徐公砚题词

聆听欧阳中石先生畅谈书法艺术

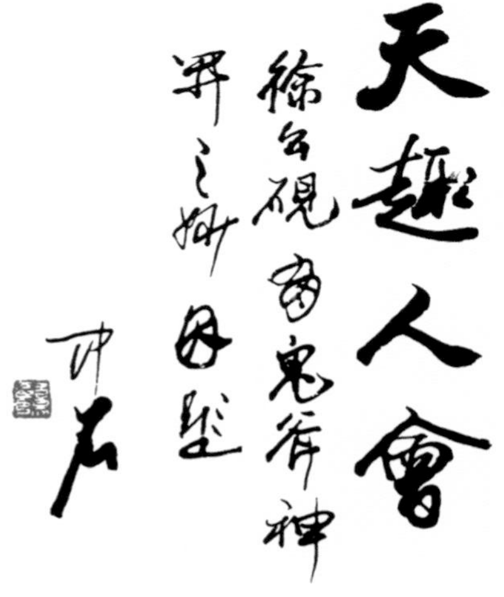

1997年，欧阳中石先生为徐公砚题词。

与书法家李铎先生

中国书法家协会原副主席李铎先生在中国革命军事博物馆观赏徐公砚

1999 年，李铎先生为徐公砚题词

与李铎先生合影

李铎先生，历任第三届中国书法家协会副主席、第四届中国书法家协会顾问。他以魏隶入行，独创出古拙沉雄、苍劲挺丽、雍容大度而又舒展流畅的书法风格。其作品于平淡朴素中见俊美、于端庄凝重中显功力。李铎的书法势大力沉，取法高古，不拘一格，笔锋坚韧，让人心生敬佩！

1999 年，在中国军事博物馆徐公砚展出活动中，我有幸见到了仰慕已久的书法泰斗李铎将军。李将军初次见到徐公砚，对此砚的自然古朴、形态各异；不假人工，天趣盎然；四周边沿变幻神奇，石纹纵横、层层有秩感到惊奇，感叹大自然的鬼斧神工，现场欣然为徐公砚题词“徐公宝砚”。

结缘书法家张飙先生

张飙先生，中国书法家协会顾问，中国书法家协会中直分会会长。曾任中国书法家协会第四届驻会副主席。其诗书合璧的作品，凝重而飘逸，规范而灵动，具有传统与创新、时代精神与个人审美取向相结合的美学追求，及时尚气息和古典之美相推挽的精神特质。我与张飙先生已相识十六年，其为人坦诚、谦逊、正直，有很强的责任感和事业心，为我所敬重。此次我出版《砚林树信》一书，张飙先生为此书题名，心中万分感激。

在北京参加CETV-2017春节书画联欢晚会上与张飙先生亲切交谈

2006年4月，张飙先生在中国文房四宝艺博会上观赏徐公砚，看了徐公砚自然天成的特点，欣然为徐公砚题词："琢璞为珍。"

2019年3月，张飙先生应邀参观第43届中国文房四宝艺博会徐公砚展厅，对徐公砚的设计创新所取得的成绩表示祝贺。

与书法家段玉鹏先生

1996 年，段玉鹏先生为徐公砚题词。

段玉鹏先生，中国书法家协会第五、六届国际交流委员会副主任，山东省书法家协会第四届副主席，山东省文联原委员，济宁市文联原副主席，济宁市书法家协会第二、三、四届主席。现任中国书法家协会会员，西泠印社社员，山东印社副社长，济宁市书法家协会名誉主席，朱复戡艺术研究会副会长，山东艺术学院兼职教授。《中国书法篆刻家大词典》《中国书法艺术大全》等十余部辞书收录其作品及个人传略。

作者和段玉鹏先生相识近 40 年，非常钦佩其才华和睿智。段玉鹏先生学识渊博、五体兼善，篆刻自成一家，又精通京剧和焦墨山水，实为德艺双馨的艺术大家，与之交往我受益匪浅。

2010 年 9 月，段玉鹏先生在第二届山东文博会上参观徐公砚。

2012 年，在山东艺术联展活动中，作者与段玉鹏先生探讨砚的设计和创新。

2019 年 1 月，作者拜访段玉鹏先生。

奋斗创造奇迹

——记同窗挚友高伟先生

高伟，亚振家居股份有限公司董事长，中国家具协会副理事长，上海家具协会会长，全国轻工劳动模范，上海海派家具非物质文化遗产传承人，上海十佳设计师，中国设计大师，中国非物质文化遗产保护协会授予他中国巨匠榜导师，他是我在南京林业大学家具设计与制造专业学习时的同窗挚友。同窗期间，我们潜心研究家居文化，两人追求极致的创业理念，在家具领域创出辉煌业绩的鸿鹄之志，达到了高度一致，建立了深厚的友谊。

毕业离校后，高伟返沪建立了上海亚振家具有限公司，我为他题写了厂牌。他的产品很快进入到上海市第一百货公司家具部展销，受到广大消费者的青睐。我每次到沪都能看到他公司的迅速发展，亚振品牌逐渐享誉全国。高伟精心设计的家具融合东西方文化理念，独创海派家具风格。他采用手工雕刻，笔触细腻，刀锋清新，深浅有致，家具设计一路高歌，登上了世界家具行业最受人瞩目的舞台。

2010 年，亚振家具走进中国世博会，展现了中国家具魅力。从 2012 年的韩国世博会到具有“世界家具之都”之称的米兰举办的世博会，亚振每一次作为中国最优秀民族家具代表，在展出中向世人展现了不一样的东方家具魅力，高伟一步步踏实努力实现着他的梦想，其先后在北京、苏州、武汉等地设立了 12 家旗舰店和全国各大城市 200 多家代理经销。从接见外国元首的宫廷沙发，到为全球 5 大博物馆高峰论坛定制的威尼斯椅、与清华美院合作设计的世博艺术系列作品，从上海市政府选送至中意设计交流中心的海派印象系列到参加非遗展作品，高伟设计的亚振家具，以前所未有的生命力，为社会带来更多的价值。

我在山东创立了新艺家具，在生产和发展中，高伟在家具的新工艺、新款式方面给了我诸多指导性的建议，我获得了“家具大王”的美誉。1994 年，我从事砚文化的研究和徐公砚的开发后，引起了他对传统文化的兴趣。徐公石是 7 亿年风化水蚀形成的，积蕴天然的形体、神奇变换的边痕，使高伟对徐公砚产生了浓厚的兴趣，我的数十方获奖精品，已由高伟收藏。2015 年，我乔迁新居，高伟赠我整套海派家具，使我的居室精致高雅，其家具的精雕细琢与我室内陈列的玉石雕刻相辉映，增加了我的生活乐趣。

看到家具就想起了挚友高伟大师，想起了他亲切的笑容、睿智的目光、谦虚有礼的举止和追求极致的精神。来我家的客人无不赞赏室内陈设的亚振家具，在亲朋赞叹之余，我总是向他们讲述我和高伟之间的故事。

前几年我去沪看望高伟先生，正巧一位南林大的蔡教授也在他的会客室，谈话中，高伟先生向他介绍我对砚文化的研究和创新，现在已是中国文房四宝协会副会长，在全国文房四宝界享有盛誉。蔡教授若有所思，风趣地说："高总是中国家具协会副理事长，姚总是中国文房四宝协会副会长，我记得你们二人在南林大学习期间，同一个班级同一个宿舍，如今出了两位国家级不同行业的专家和大师，真是一个美好的传奇故事。"蔡教授接着说："当年高总是南林大高才生，我记得高伟在毕业设计时，其家具效果图就刊登在《室内》杂志的封面上；姚总的事迹两次在校刊和南林大校报上刊登，后来还荣获了'学院贡献奖'。开发徐公砚后，还在南林大举办了砚文化讲座，发表了'砚与中国传统文化'的演讲。今天相聚在一起，和二位回忆过去的故事，太令人感动了。"

2012年9月，"亚振国际家具20年贡献人物颁奖盛典"在上海东方电视台隆重举行，作者被授予贡献人物奖，上图为接受著名主持人曹可凡采访。

以砚会友　以砚联谊

与书画艺术家范曾教授

与中国戏剧家协会原主席尚长荣

与著名央视主持人倪萍

与书画、雕塑艺术大师韩美林。

与漫画家丁聪

与徐悲鸿夫人廖静文在一起参观艺博会

与郭沫若之女、书画家郭庶英。

与中国文物鉴定委员会鉴定专家、文保专家、故宫博物院研究员张淑芬。

与中国文房四宝文化学者活动家、当代砚种集大成者刘继华。

与影视表演艺术家六小龄童

与相声表演艺术家牛群

与影视表演艺术家王铁成

与中国首破奥运会跳高记录体育健将郑凤荣

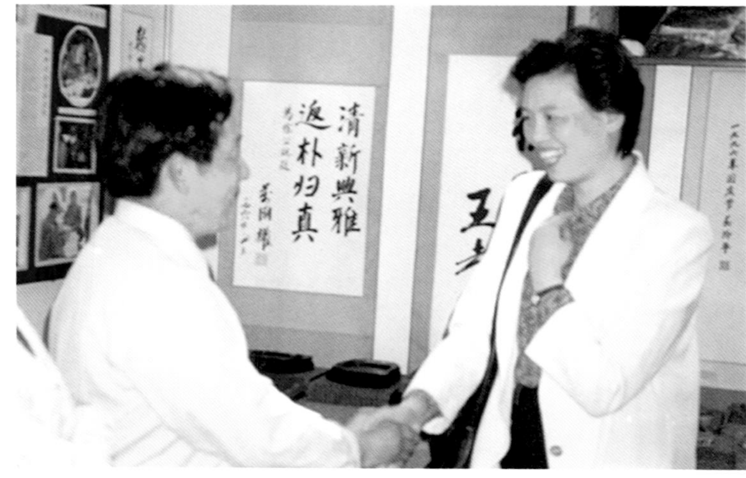

中国女排领队、女将军陈招娣，1999年参加兖州砚宝斋开业剪彩仪式。

与歌唱家、国家一级演员万山红。

与中国书法家协会常务理事、全国文联委员黄苗子先生合影。

参加CETV-2017春晚，与北京书法家协会副主席、书画家田伯平。

与中国书画院院士、国家一级美术师孙洪兴。

与国家一级演员、歌唱家郁钧剑。

与电视剧《三国演义》赵云扮演者、影视表演艺术家杨凡。

与台湾著名书画家李沃源

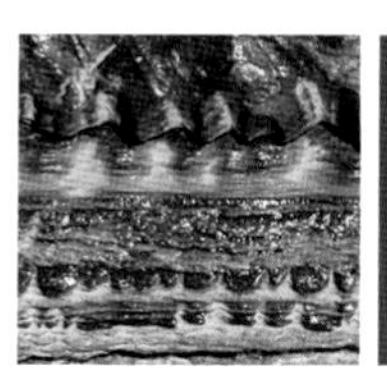

八、传媒评介

作者自1994年开发徐公砚以来，《人民日报》《人民政协报》《中国商报》《工商时报》《解放军报》《新华日报》《大众日报》等三十多家新闻媒体对作者开发徐公砚进行了报道：1999年10月25日《人民日报》刊登了《名人潜心治名砚》；2002年4月25日《人民政协报》刊登了长篇报道《无悔的追求》；2011年11月《领导科学》刊登了供省部级以上领导参阅的内参《砚与中国传统文化》……

28年来，各种报刊共刊登对作者的报道113篇，有关作者的事迹和论文入选书籍27篇。

有关报刊对姚树信开发徐公砚的报道

（1994—2020）

发表时间		报刊名称	标题内容
1994	10.22	《齐鲁工商报》	家具大王姚树信为光彩事业投巨资
	10.28	《沂南县报》	家具大王　情系沂蒙老区
	11.19	《联合报》	“家具大王”投身“光彩事业”
	11.20	《中国文化报》	中华瑰宝徐公砚
	11.25	《沂南县报》	光彩脚印留沂南
	11.26	《齐鲁工商报》	姚老板钟情徐公砚
	11.29	《大众日报》	中华瑰宝——徐公砚
	12.8	《兖州日报》	姚氏家具荣获国际金奖
	12.13	《沂南县报》	县委县政府派出代表团赴兖州致谢
	12.28	《济宁日报》	光彩的金奖耀沂蒙
1995	1.1	《消费者之声》	新艺美术家具荣获’94 国际工艺品博览会金奖
	8.10	《人民政协报》	姚树信向国家领导人介绍徐公砚
	8.20	《济宁日报》	徐公砚美名扬京都　姚树信载誉返故里
	8.26	《齐鲁工商报》	徐公砚载誉京城
	9.25	《南林报》	光彩的事业光彩的人——记校友姚树信
	10.12	《兖州日报》	民营企业家与抗日老将军
	10.22	《济宁日报》	两代“将军”喜相会
1996	1.31	《东方讯报》	姚树信情系徐公砚 / 中华瑰宝徐公砚
	2.27	《兖州日报》	姚树信慧眼识宝　徐公砚重放光彩
	3.5	《兖州日报》	优秀政协委员名单
	3.7	《兖州日报》	民营企业家姚树信举办徐公砚展示会
	3.13	《齐鲁工商报》	家具大王的光彩路
	3.19	《联合报》	情系徐公砚的家具大王——记省政协委员姚树信
	3.24	《济宁日报》	徐公砚在济宁展出
	3.28	《兖州日报》	南林大首颁学院奖　姚树信入选获殊荣
	3.30	《齐鲁工商报》	姚树信向家乡人民举办汇报展
	4.21	《济宁日报》	南林大首颁“学院奖”我市姚树信入选

发表时间		报刊名称	标题内容
1996	5.15	《东方讯报》	姚树信获南京林大“学院奖”
	6.7	《山东工商时报》	姚树信慧眼识宝　徐公砚重放光彩
	11.12	《济宁日报》	姚树信在北京皇史宬举办徐公砚展
	11.19	《兖州日报》	姚树信赴日出访
	11.24	《济宁日报》	北京举办首届国际书画艺术博览会　姚树信带徐公砚参展引关注
	12.18	《齐鲁工商报》	徐公砚名噪天下
1997	1.30	《中国人口报》	姚树信扶贫采宝砚
	1.26	《东方讯报》	徐公砚瞄向海外市场
	4.1	《山东统一战线》	情系徐公砚
1998	1.7	《济宁日报》	姚树信和他的光彩之路
	2.24	《中国经营报》	砚林珍品徐公砚
	4.29	《齐鲁工商报》	姚树信的兴业“三部曲”
	11.5	《环球企业家》	情系徐公砚——记山东民营企业家姚树信
1999	1.31	《东方讯报》	姚树信情系徐公砚
	4.6	《北京日报》	中华瑰宝——徐公砚
	4.17	《人民日报　市场报》	中华瑰宝——徐公砚
	4.18	《北京晚报》	三百六十方徐公砚在京展出
	4.17	《晨报》	徐公砚京城展风采
	4.17	《中国商报》	徐公砚京城展风采
	4.19	《世界信息报》	中华瑰宝徐公砚
	4.20	《工商时报》	八进北京城　情系徐公砚——记山东民营企业家姚树信
	4.21	《生活导刊》	全国人大副委员长参观徐公砚
	4.23	《济宁日报》	姚树信在北京举办徐公砚精品展
	4.22	《生活时报》	徐公砚在报国寺展出
	4.25	《人民日报　市场报》	名人潜心治名砚
	5.7	《中国人口报》	中华瑰宝——徐公砚
	5.12	《中国乡镇企业报》	姚树信情系徐公砚
	5.14	《解放军报》	情系徐公砚　情系老将军
	5.15	《法制日报》	徐公砚进京展风采

发表时间		报刊名称	标题内容
1999	5.24	《济宁日报》	为光彩事业添光彩——访市九届工商联副会长姚树信
	6.12	《人民政协报》	砚林珍品徐公砚
	12.31	《经济媒体报》	讲述老姚的故事
2000	1.26	《济宁日报》	投身光彩事业　情系徐公宝砚
	2.24	《山东工商教育报》	投身光彩事业　情系徐公砚
	12.24	《天水日报》	砚人姚树信和羲皇故里的故事
2001	1.9	《兖州日报》	宝砚牌中国徐公砚问鼎“国之宝”
	1.11	《兖州日报》	中国徐公砚问鼎“国之宝”
	11.2	《新华日报》	国宝徐公砚来宁展风采
	11.18	《济宁日报》	我市民营企业家姚树信登上大学讲坛
	11.18	《兖州日报》	中国徐公砚走进高校艺术殿堂
2002	1.26	《兖州日报》	“国之宝”中国徐公砚
	4.25	《人民政协报》	无悔的追寻——姚树信和他的徐公砚的故事
	4.28	《假日周刊》	金石长不朽　书画自延年 ——姚树信和他的徐公砚
	5.19	《兖州日报》	徐公砚京城再放异彩
	5.30	《中国工商》第6期	姚树信为砚辛苦为砚忙
2003	1.9	《兖州日报》	宝砚牌徐公砚赴济展出
	1.20	《联合日报》	徐公砚泉城展风采
	2.9	《兖州日报》	姚树信和他的徐公砚
	2.24	《大众日报》	重振声名复惊艳
	3.9	《济宁日报》	徐公砚惊动泉城
	4.14	《国土资源导报》	齐鲁风物——徐公砚
	12.26	《山东商报》	重振声名复惊艳
2005	7.1	《中国报道》第7期	姚树信　痴迷徐公砚　名砚获璀璨
2006	5.9	《济宁日报》	全国文房四宝艺博会在北京举行　姚树信再获全国名师名砚精品大赛金奖
	8.26	《济宁日报》	姚树信当选中国文房四宝协会副会长
	8.28	《齐鲁晚报》	姚树信当选中国文房四宝协会副会长
2008	8.9	《行周刊》	石蕴天地气　砚铸诗画魂——记姚树信和他的徐公砚
2009	36期	《济宁广播电视报》	说砚

发表时间		报刊名称	标题内容
2009	4.9	《济宁日报 / 今日兖州》	姚树信荣膺首届孔孟之乡十大儒商
	7.15	《济宁广播电视报》	姚树信进京受嘉奖
	7.18	《兖州周刊》	姚树信进京受嘉奖
	7.28	《济宁日报 / 今日兖州》	姚树信荣获中国最具社会责任感企业家
	8.16	《兖州周刊》	姚树信荣获促进传统文化建设先进个人称号
	10.16	《山东工商教育报》	姚树信：从油漆工到杰出民营企业家
2010	4.25	《山东商报》	瑰宝湮没逾千年　重现自然惊世间
	5.11	《山东商报》	中国徐公砚艺术大师姚树信被授予“中华先进英模人物”荣誉称号
	5.13	《齐鲁晚报》	中国徐公砚艺术大师姚树信被授予“中华先进英模人物”荣誉称号
	7.28	《齐鲁晚报》	和谐中华　共创美好未来——中国优秀民营企业家姚树信参加世界杰出华人台湾高峰会
	9.28	《今日兖州》	省文博会济宁会场在曲阜举行——张玉华书记参观徐公砚
	10.12	《山东商报》	徐公砚积蕴天然　誉满砚坛　独树一帜
2011	11.18	《鲁周刊》	砚与中国传统文化
	12.15	《今日兖州》	砚与中国传统文化
	12 月	《领导科学（内参）》	砚与中国传统文化
2012	10.16	《山东商报》	天人合一　妙趣天成
	14 期	《民生周刊》	慧眼识别瑰宝砚琢璞为珍显奇艺（专访）
2013	2.28	《人民铁道》	弘扬中华传统文化
2015	1.9	《济宁日报》	姚树信荣获中国传统工艺特殊贡献奖
	1.9	《齐鲁晚报》	姚树信荣获中国传统工艺特殊贡献奖
2018	8.1	《齐鲁晚报》	姚树信被评选为“改革开放四十周年·年代秀”年代老人
2019	2.22	《济宁日报》	姚树信喜获中国文房四宝协会特殊贡献奖
	2.26	《今日兖州》	姚树信喜获中国文房四宝协会特殊贡献奖
	2.28	兖州电视台	姚树信——老骥伏枥　志在千里
	7.18	济宁电视台书法栏目	书法济宁——采访姚树信之徐公砚文化
2021	7.21	今日兖州	兖州政协“庆祝建党 100 周年书画作品”
2022	7.10	兖州电视台	徐公砚的开发与创新
	10.22	今日兖州	百花朝阳 . 同心筑梦

姚树信事迹和论文入选书籍

（1994—2020）

书刊名称	标题内容	出版时间
《北京国际艺术精品博览》	徐公砚	1996.9
《山东经济战略研究》	姚树信情系徐公砚	1998.6
《中华魂中国百业英才大典》	姚树信	1999.8
《凝聚在伟大旗帜下》	八进北京城　情系徐公砚	1999.12
《中国当代创业英才》	情系徐公砚	2000.10
《钟灵毓秀》	情系徐公砚	2002.6
《中共兖州年鉴》	中国徐公砚	2002
《看今朝》	中国徐公砚问鼎“国之宝”	2002
《与时代同步》	情系徐公砚	2003.9
《艺海拾贝》	姚树信：痴迷徐公砚　名砚获璀璨	2008
《四宝精粹》	斯是砚石　唯物德馨	2009.8
《山东人》	姚树信和他的徐公砚	2010.8
《党旗飘飘》	斯是砚石　唯物德馨	2010.10
《世界华人企业家》	和谐中华　共创美好未来	2010
《世界华人企业家》	中国企业家访台拜访海基会会长姜丙坤	2010
《兖州年鉴》	石蕴天地气　砚铸诗画魂	2010-2012
《齐鲁工美》	砚与中国传统文化	2011.1
《中华传统文化》	徐公砚的知音——姚树信	2011.2
《2011 全国劳动英模与先进人物大典》	砚与中国传统文化	2011.4
《向党旗致敬》	砚与中国传统文化	2011.6
《光耀千秋》	砚与中国传统文化	2011.9
《兖州春秋》	姚树信与徐公砚之情缘	2011.12
《2011 时代企业领袖英豪录》	中国徐公砚	2011
《中华传统文化》	徐公砚创意设计大师　姚树信艺术风采	2012.4
《领导干部创新社会管理的理论与实践》	砚与中国传统文化	2012.9
《兖州民营企业》	艰苦创业三十余年结硕果	2013
《建国 70 周年创新先锋人物——珍藏册》	砚林树信	2020

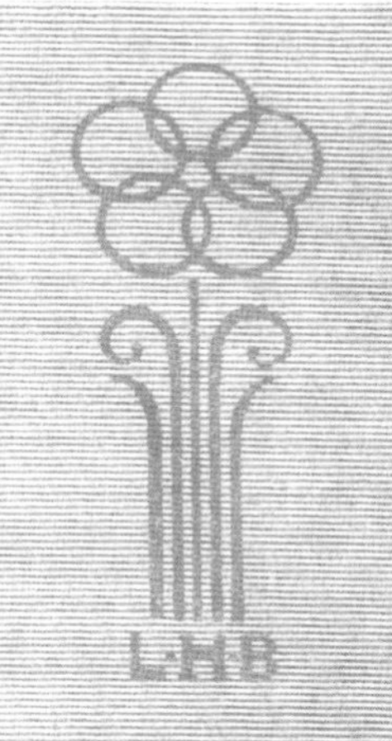

·弘扬爱国精神·促进联合团结·倡导社会民主·振兴中华大业·

·山东省政协主办·总编辑于阳春·逢周三、六出版·1994年11月19日(第403期)

「家具大王」投身「光彩事业」

11月5日，在沂南县委专门召开的大会上，兖州“家具大王”姚树信兴奋地从县委黄宜泉手中接过了“沂南县荣誉公民”的大红证书，身边一尊金杯熠熠生辉。他为沂南县拿了一项大荣誉——徐公砚荣获“首届中国名砚博览会金奖”。为表彰为沂蒙老区脱贫致富做出贡献的省工商联常委、兖州市政协常委、兖州新艺美术家具厂厂长姚树信，县委、县政府决定授予他“沂南县荣誉公民”。

今年5月，山东省委统战部、省工商联发出支援革命老区，“扶贫开发资源、繁荣经济、共同致富”的号召。姚树信，这位素有“拥军模范”、“尊师重教”等光荣称号的私营企业家，首先响应，积极投身于光彩事业中。

他根据“开发一种资源，上十个项目，培训200——300名技术人员”的具体要求，对沂南革命老区进行多方考察发现，有些企业很有发展潜力。只要有了资金的支持，加上科学的管理，借用现有的人才和技术就能“活”起来。

当他得知沂南县徐公砚开发公司面临困境、因资金匮乏无法参加即将在北京举办的“中国名砚博览会”时，毅然决定投入巨资，帮助开发徐公砚，并将公司更名为“中国徐公砚联合开发公司”，出任董事长。徐公石，质地细腻密度极高，扣之如磬，扪之似玉，下墨如锉，发墨如油，制砚与同类相比有零下4度“砚墨不凝冰”之特色，素有“制砚良材”之美誉。虽早在唐宋时期就负有盛名，但因地理、交通、文化、经济等原因，一直没有得到很好的开发，流传甚少。

在北京“首届名砚博览会”期间，姚树信决心为徐公砚争得其应有的艺术品位和知名度。他主持召开了新闻发布会，印发宣传材料，进行冷冻测试，进行了一系列的前期准备工作。10月15日，中国首届名砚博览会隆重开幕。徐公砚以其“自然风化，独立成块，边缘有明显的纵横纹理”的独特艺术魅力博得国内外参观者高度赞赏，经国家名砚鉴定专家测试给徐公砚以“墨液细腻，浓度衡平，硬实温润，滑而涩、腻而利，与色泽并美，出水不涸，润泽生津，造型典雅，工艺精湛，文化内涵深邃，具有传统风格与现代风格的协调统一”的高度评价，徐公砚以“卓尔不群”的非凡气质荣居金奖之首。其中巨砚“八仙过海”以巧夺天工的造型又获唯一优秀作品奖，加上参与组织奖，共获三项大奖。中央电视台及首都各大报纸均给予了重点报导。

姚树信不仅为沂南老区人民抱来了国家级金杯，也为徐公砚这一沉睡多年的宝贵资源更好开发、更快走向世界带来了信心和力量。

姚树信，这个以生产“美、新、特”家具而成名的私营企业家，多年来，他一直本着“以德为先，以信为本”的做人原则和经营之道，言利不唯利，义中求财，树立了良好的社会形象。他先后被授予济宁市“劳动模范”、山东省“科技致富能手”，并被推选为全国个协二大代表，济宁市个体劳协副会长、兖州工商联副会长等，他的产品不但样式新颖、做工精美，而且还让利于客户，有很好的口碑。由此获得'93全国产品质量信誉杯及'94向全国消费者用户推荐产品证书。

他身兼数职，在繁忙的工作之中不忘政治使命和社会责任，积极参政议政，认证履行政协委员的光荣职责。他的提案《关于我市发展个体私营经济的若干建议》被列入兖州市政协重点提案，受到市政府的高度重视。几年来，他为社会办学、尊师重教、体育事业、残疾人事业、修路救灾等多项社会公益事业捐助款额达25万元之多。

在这次“光彩事业”活动中，他又与其他16位同仁共同倡议首批加入，投资106万元，扶持了3个企业，并已在徐公砚石的开发上初战告捷。最近，他又有新打算，在沂南、蒙阴两县举办“家具油漆工艺技术培训班”，他要把他所拥有的珠光幻彩、闪光聚脂喷涂等先进油漆技术传授给老区同胞，用他自己的话讲，送给他们一把致富的“金钥匙”。

王永新

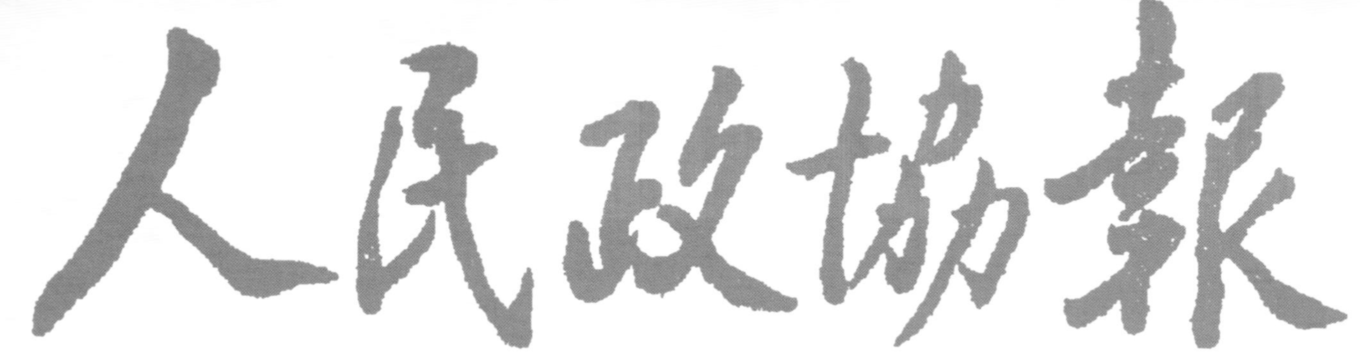

1999年6月12日
星期六
第2327期

RENMIN ZHENGXIE BAO

今日八版　国内统一刊号CN11-0033　代号1-2

砚林珍品徐公砚

千百年来，汉字得以世代相传，“文房四宝”功不可没，——这纸、墨、笔、砚相互依存，又独立发展，其中砚台尤值一提。汉代已出现了陶砚，魏晋时期又出现了青瓷砚。唐代中期，石砚开始流行，徐公砚已负有盛名。宋代时徐公砚即被视为全国四大名砚之一。但因徐公砚产地地理偏僻，经济落后等诸因素，至明清年间即绝少生产，在世间流传很少。因此，徐公砚被砚石收藏家视为中华瑰宝，砚林中之珍品。

说起徐公砚名称的由来，还有一段趣闻：据考证，唐代徐晦赴京赶考，途经沂地，偶拾形色可爱的石片，将其试磨成砚。在京会考时恰逢天寒，砚墨结冰，考生均受影响，惟有徐晦砚墨如油，满腹经纶，跃然纸上，一举考中进士，一直做到礼部尚书。七十休官后因不忘得砚之恩，遂定居于得砚之地，时人尊称其徐公，该地渐名为徐公店，用其地下石做砚，亦为徐公砚。

徐公石属玄武岩，其砚材产于地下岩层与风化层之间的夹层中，由亿万年的风化水蚀所至，砚石独立成块，四周边缘皆有明显的纵横纹理，形态各异，自然成趣。徐公石色泽有蟹青、茶褐、鳝黄、桔红、墨黑，石色深透而不浮艳。

90年代，沉没逾千年的徐公砚又被重新开发，身为山东省政协委员、兖州市政协副主席的姚树信于1994年8月到沂蒙山区进行扶贫考察，为当地特有的徐公砚资源所倾倒。为了帮助革命老区人民走上脱贫致富之路，他在沂蒙山区开发资源，积极投身于光彩事业，终于使这一中华瑰宝——徐公现重现异彩。

不久前，在北京报国寺举办了徐公现精品展，这是姚树信第9次带砚台进京参展，展览的360多方徐公砚造型古朴、变化莫测、妙趣横生，吸引了众多的书画爱好者以及收藏爱好者。

文/王玫

人才信息 丰富实用

人民日报 市场报

国内统一刊号 CN11—0068 邮发代号 1—6

总第 2734 期

《市场报·人才周刊》邮发代号 1—66

网址：HTTP://WWW.PEOPLEDAILY.COM.CN

1999 年 4 月 25 日
农历己卯年三月初十
星期日

第三版 市場報人才周刊

▼ 多彩人生

名人潜心治名砚

□马 岑

徐公砚是与端、歙、洮齐名的中国四大名砚之一。据考证，唐代举子徐晦赴京赶考，途径山东沂地（今山东沂南县），偶见路边沟中有奇形石片，因爱其形色，试磨成砚。会考之际，天寒地冻，众举子墨砚凝冰皆不得书，惟徐晦自制石砚砚墨如油，如有天助，徐公于是笔走龙蛇，文思泉涌，终于高中进士，步人仕途。为不忘本，官至礼部尚书而后隐退的徐公，“离休”后便在蒙阴山定居下来。后代文人学者多有慕名前往采石治砚的，称之为徐公砚。

据现代科学家考察，徐公砚石采自沂蒙山下的玄武岩，砚石独立成块，边缘及正反两面皆有明显的纵横风化纹理，实质细腻，密度极高。经测试，零下 4 摄氏度墨汁不凝冰。著名书法家肖劳先生曾写诗赞美徐公砚：“严寒砚水不凝冰，紫石红纹皆上乘，唐宋时闻珍此物，吾今磨墨伴青灯。”可惜，由于地理偏僻，经济落后，采石不便等因素，徐公砚绝少生产，世间流传甚少，名气也日渐式微。

如今，偏有山东省企业家姚树信对徐公砚情有独钟。1994 年 8 月，山东省工商联倡导支援革命老区，“扶贫开发资源，繁荣经济，共同致富”，姚树信考察沂蒙山的经济资源，被徐公砚迷住了。这位号称“家具大王”的现代儒商决心要让沉睡在沂蒙山下、失传近千年的名砚再放异彩。从 1994 年至今，姚树信携徐公砚，数十次上北京参加各种名砚展、文房四宝展，多次下江南，还数次赴东瀛向世人推介这一中华文明的旷世瑰宝。他的目的很单纯，就是要让重见光明的徐公砚震动海内外，走向全世界。

日前，记者专程到北京的报国寺参观姚树信独资举办的“徐公砚展”。宽敞宏大的殿堂里 360 余方石砚古朴自然争奇斗异。姚树信指点着一方方宝贵的砚台如数家珍，向参观者详细介绍古砚的历史延革以及治砚工艺，使人有如畅游在浩瀚的文化海洋里，观一方宝砚，汲取一分知识。据说，日本的文人雅士就很喜欢姚树信和他带去的徐公砚，因为他们从朴拙的砚台里看到的是 5000 年文明的积淀。

有一分耕耘便有一分收获，姚树信在创业奉献中逐渐奠定了自己独特的地位。《人民日报》、《经济日报》等 30 多家报刊多次报道了这位荣获多项殊荣的私营企业家的事迹。身为山东省政协委员的姚树信倾心文化事业的事迹还被《94 山东年鉴》、《全国优秀企业家报告文学精选》等刊物收录。而他为之奉献毕生心血的徐公现也被国家领导人作为国礼赠送给了外国元首。

中国工商
CHINA BUS
立足总商会 面向工商界 支持增长点 服务企业家
2002年第6期

徐公砚的传说

唐代举子徐晦，赴京应试，路经沂地，偶见路边沟中有奇型石片，因爱其形色，试磨成砚。在京会考时，众举子砚墨因天寒而结冰不能用，唯徐晦砚墨如油。徐晦视得不凝之砚为天助，于是满腹经纶跃然纸上，终于进士及第，官至礼部尚书。徐晦不忘得砚之恩，七十休官时，定居于得砚之地，时人尊称其徐公，该地渐名为徐公店，用其地下石做砚，亦为徐公砚。

徐公石属玄武岩，其砚材产于地下岩层与风化层之间的夹层中，由亿万年的风化水蚀所致，砚石独立成形，四周边缘变幻神奇，石纹纵横，层层有致。徐公石有蟹青、茶褐、桔红、墨黑等色，石色深透而不浮艳纹，纹理丰实交错如冰纹。徐公石硬度适宜、质嫩理细、温良如玉、叩之清脆，扪之柔润，被砚石收藏家视为中华瑰宝，砚石中之珍品。

姚树信：为砚辛苦 为砚忙

砚王姚树信

文／本刊记者　王宝平

此砚名为石函砚，在第十一届中国文房四宝艺博会上获金奖。砚石经亿万年水蚀风化，四周边沿皆有明显的水平和垂直纹理。砚石震开，下部为砚堂，上部镌刻钟鼎文做盖，形成我国砚林中独特的形体。

徐公砚的雕刻简朴大方，线条流畅，粗犷补拙，浑厚大方，巧夺天工。上方松石砚，根据砚石的自然造型，右刻一颗古老的苍松，砚池中的圆形水池，酷似一轮明月。仙鹤在云中起舞，别有一番诗情画意。

欣赏充满神奇奥妙和诗情画意的砚石，使人静心悦目，养情益智，辟邪颐寿。砚乃是一种生态文化，随缘文化，是一种新境艺术，称之为发现美的艺术。

普通的衣着加上可掬的笑容，这就是姚树信，一个从外表看上去很普通的人。可当你与他交谈，或是听了他的故事后，你就会看到一个普通外表的后面，有着深厚的文化内涵，并且执着追求自己的理想的人。

十年前，笔者认识姚树信的时候，他是在山东和北京都颇有些名气的家具大王。十年后，笔者再次见到他，则是在山东兖州，全国工商联召开的宣传教育培训工作会议上，当时他正向与会的代表介绍徐公砚。而此时的他，身份是中国文房四宝协会副会长、中国徐公砚联合开发公司董事长。几天后的4月23日，在北京民族文化宫，在第十一届中国文房四宝艺博会暨名砚精品展览会上，笔者再一次见到姚树信，并且了解到他这十年间的感人故事。

爱心使家具大王变为砚王

有人说姚树信不像企业家，而像一个老师，其实不然。

在姚树信身上，企业家应具备的创业精神、独特的经营手段和社会责任感在他十多年的发展历程中都体现得非常充分。

姚树信是兖州市第一个拿到营业执照的个体工商者，在80年代时，他已经是名噪业内的家具大王。而他在"家具"上的成功，又来自他的"美、新、诚"的特色经营。

在一般人看来，家具似乎没有太多的内涵，美观、实用、耐用就可以了，而姚树信却为家具和他的家具事业注入了很多的文化内涵。他认为，家具的美有高贵、典雅、朴素之分，从事不同职业的人，文化水平不同的人有着不同的需要。因此，在"美"字上他的家具是因人而异，因爱而做；在"新"字上，他讲究的创新是有特色，有个性，但不庸俗，不怪异；在"诚"字上，他信奉的是要先学会作人，才能做好生意。

"美、新、诚"三个字是姚树信的经营特色，是他的经营风格，也是他的追求。正是这三个字，成就了他的家具大王的美名。虽然他的主业现在已经不是家具，但他的经营风格，他的追求却是不变的。

从当初的家具大王到如今的砚王，姚树信的这一转变，应该说这是他的一颗爱心、他企业家的社会责任感使然。

1994年8月，响应"光彩事业"的号召，姚树信带着他的爱心，随山东省委统战部和省工商联组织的扶贫考察团到沂蒙老区考察。在沂南，他得知徐公砚石是千年以前就负有盛名的制砚良材，是当地特有的资源。但因为缺乏资金，砚石只能沉睡地下，特有的资源得不到开发。为了将这一资源开发出来，让徐公砚这一中华瑰宝重放光彩，同时带动当地群众脱贫致富，姚树信当即与当地政府和企业签订了联合开发徐公砚的协议。

随后于北京举办的全国名砚博览会上，徐公砚一举囊括"名砚博览会金奖""优秀作品奖""组织奖"三项大奖。徐公砚从此重现风采，并且名扬海内外。而姚树信也与徐公砚结下了难解之缘。

为了感谢和表彰姚树信开发徐公砚所做的贡献，沂南县委书记亲自将"沂南县荣誉公民"的证书递到了姚树信手上；济宁市工商联授予他"光彩事业特等功臣"荣誉称号；山东省工商联授予他"优秀民营企业家"称号。

将生意做出文化味

如果你是一个与砚无缘的人，或是个缺少文化修养的人，和姚树信聊天，一定觉得没有意思。因为他三句话不离砚台，不离砚文化，不离中国传统文化。

姚树信的文化底蕴可以说是"世袭加学习"。他的曾祖曾任江西提督，虽为武官，却酷爱书画。姚树信秉承这一家风，6岁就开始学习书法，几十年下来，使他积淀了深厚的文化底蕴。

在姚树信的生活中到处都体现出"文化味"，就连他的两个儿子结婚，你都能感受得到浓重的中国传统文化的气息。在大儿子的婚礼上，让前来贺喜的人们题喜联，对对子，让满堂的宾朋感受到了一次古典、文雅、文化气氛浓厚的婚礼；二儿子的婚礼更是独具匠心，儿子骑马，儿媳坐轿，唢呐和花鼓吹吹打打。

更为难得的是，在姚树信身上，文化人和生意人合二为一。在人们的眼中，生意人多是唯利是图，以赚钱为目的，而文化人多是自命清高，孤芳自赏。在姚树信的心中，他却不这样认为。他认为文化人应该谦虚好学，博采众长，才能融会贯通，成就事业。生意人要讲诚信，要考虑社会的需求，才能有长远的发展。有了这样的观点，姚树信的生意越做越有文化味。姚树信投资开发徐公砚，不是为了赚钱，除了一颗爱心之外，他还要让徐公砚重现光彩，他为的是弘扬中国传统文化。

为砚消得人憔悴

从1994年开始，姚树信就与徐公砚难舍难分了。为了开发和宣传徐公砚，他可以说是全身心的投入。从当年第一次抱砚进京参展，8年来，他13次抱砚进京，并且携砚漂洋过海，出国展示。正是他的恒心和诚心，才有了徐公砚今天的名动海内外。1995年，在全国民营企业首届商品博览会上，全国人大常委会副委员长王光英观砚后欣然题词"徐公宝砚"，在"96全国名砚大展"上，吴阶平和雷洁琼副委员长分别题词"中华瑰宝徐公砚，文化艺术举世奇""砚宝"；著名书法家孟蒙有感于姚树信的精神，为之赋诗"沂地奇石藏南川，琢砚润墨不畏寒，徐生偶得是天助，长安殿试列榜前。历经沧海几变迁，瑰宝湮没逾千年；独具慧眼姚树信，重现自然惊世间"。著名书画大师启功、刘炳森、欧阳中石等也都为徐公砚题词。

为了让徐公砚走向世界，姚树信于1996年底亲赴日本大阪、京都、奈良、神户、名古屋、东京等地考察，向日本客商宣传，与他们交流洽谈。1997年春，10多位日本朋友专程到京参观徐公砚，并且当场订货86方。

去年11月，姚树信应南京大学和江苏省书法家协会之邀，在南京大学作了"砚与中国传统文化"的专题讲座，并且在南京大学艺术馆展出徐公砚精品。在讲座中，姚树信从砚的沿革讲到砚的鉴赏，讲到如何用时代眼光看砚与中国传统文化，受到了南京大学师生们的热烈欢迎。第二天，姚树信又在南京林业大学做了"砚文化"的报告，同样好评如潮。

姚树信的努力得到了回报，徐公砚现在已经广为人知，姚树信也得到人们的关注和尊敬。人民日报、经济日报等全国30多家报刊发表了上百篇的宣传介绍文章。2000年8月，在中国文房四宝协会第四届理事会上，姚树信当选为第四届中国文房四宝协会副理事长。然而姚树信并没有就此止步，他还要为徐公砚奔走呼号。

他说，我现在所做的事情，都是为了徐公砚开发这项事业。

与书法泰斗启功在一起

邵华泽、陈士能、柴泽民在艺博会上

指导做砚

无悔的追寻

——姚树信和他的徐公砚的故事

本报记者　张宝川

唐代，有举子名徐晦者赴京应试，路经沂地，偶得奇石数片，试磨成砚。在京会考，恰遇天寒，众举子砚墨凝冰而不得书，唯徐晦砚墨如油，满腹经纶，跃然纸上，得进士及第，官至礼部尚书。休官后，因不忘得砚之恩，定居于得砚之地。该地遂名徐公店，其砚亦名徐公砚——引子

齐鲁大地，孔孟故乡，有着许许多多的文化遗产。

就在至今仍比较贫困的革命老区沂蒙山，却出产着一种天然的宝物——徐公石。江泽民主席访日，即以徐公砚作为国礼赠送日本天皇——一个中国砚的爱好者。

其实，在唐宋年间，大书法家颜真卿、柳公权、欧阳修、苏轼都使用过徐公砚。从那时到现在已经1000多年了，然而，这期间却几乎是一片空白。千年之后，添补这空白的便是姚树信。

一

姚树信生在山东兖州一个诗书之家，其曾祖清光绪年间为江西提督。祖先留给他的遗产是几箱郑板桥、董其昌等名人的字画。受家庭的熏陶，6岁的他就开始学书，并且从小学到初中、高中一直是学生会宣传部部长。按照正常的逻辑，他也许最后会成为一个书法家。

“文革”的一把火烧毁了他的全部字画和少年梦想。

然而，十几年的刻苦习练和耳濡目染却给了他无法磨灭的艺术修养。

在兖州城里，许多机关、厂矿的标语都出自他的笔下。后来，一些商店的橱窗也请他来设计、布置。书画艺术成了他手中的饭碗。

改革开放后，他成了兖州第一个拿到执照的个体户。几年后，他又成立了家具厂。但他不满足作一个家具老板，更因为他满腹艺术细胞的不断外溢，他把美学思维运用于家具生产之中，从而使家具不再仅仅是家具，其造型的美观和款式的奇特，使他赢得了本地区的市场，并辐射到周围十几个县市。他被人们称为“家具大王”。

然而，家具毕竟只是家具，它对艺术的承载空间始终还是有限的。他放眼四望，开始寻找新的载体。

1994年，中央统战部向全国民营企业家发出参与光彩事业的号召。于是他和全省30位民营企业家来到最需要帮助的沂蒙山区。于是一个沉睡了千年的文化遗产和一个苦苦追寻的文化人邂逅了。徐公砚和姚树信走到了一起。

徐公砚那天然卓尔不群的品质深深地感动了他：你看，它们天然去雕饰，清水出芙蓉，有的像奇峰，有的像峭壁，有的像高原，有的像枯树。而更打动他的是徐公砚的不幸“遭遇”：辉煌于前，沉沦于后，埋没地下，世人不识。如此竟达千年之久。

扼腕叹息之中，他与当地政府、企业达成共同开发徐公砚的协议。

二

如此好砚却为什么中道衰落了呢？一是因为沂蒙地区偏僻，交通不便。二是因为徐公砚石往往深藏于地下，开采困难。

为此，姚树信不惜投入巨资，加大开发力度：提高毛坯砚石的价格，改良开发工具，提高制砚技艺，高薪聘请民间艺人，走出去交流、学习、切磋。

当年，姚树信带着重见天日的徐公砚“进京赶考”，参加全国名砚博览会。就像当年的徐晦科场成名一样，徐公砚在北京，在众多名砚中独占鳌头，得分居首，多次荣获艺博会名师名砚鉴评金奖。

1995年7月，姚树信再次进京，徐公砚亮相于全国民营企业首届产品博览会。全国政协副主席万国权、经叔平给予高度评价。全国人大副委员长王光英欣然命笔：“徐公宝砚”。

8月，姚树信第三次带砚进京参加世界妇女大会期间的中国商品博览会，受到青睐。

9月，姚树信再度进京，作为全国民营企业的唯一代表，参加纪念抗日战争胜利50周年活动，徐公砚被作为此次活动赠给老将军的革命纪念品。

1996年9月，姚树信应邀带砚参加北京首届艺术博览会，获博览会最高奖“景泰蓝杯”和“优秀作品奖”。

10月，姚树信6度进京，参加全国各

砚大展。全国人大副委员长吴阶平题写："中华瑰宝徐公砚，文化艺术举世奇"，全国人大副委员长雷洁琼挥毫"现宝"。著名书画大师刘炳森、欧阳中石等为徐公砚题词。著名书法家孟蒙当场赋诗"沂地奇石藏南川，琢砚润墨不畏寒。徐生偶得是天助，长安殿试列榜前。历经沧海几变迁，瑰宝湮没逾千年。独具慧眼姚树信，重现自然惊世间"。

三

徐公砚为什么"砚色"天下重？姚树信为它注入了什么魔力？一方砚台的好坏，有六条标准，一看砚质，二看砚工，三看砚品，四看砚文，五看砚铭，六看砚饰。并不是什么石头都可以用来做。日本是个山国，但是却没有砚材。中国如此之大，适合作砚材的也不过30几种砚石。如著名的端砚石、歙砚石、洮砚石等，因此才有了中国的四大名砚。

徐公石可谓"天生丽质"。徐公石属玄武岩，其砚材产于地下岩层与泥岩层之间的夹层中，由亿万年水蚀冲刷所至，砚石独立成形，形态各异，天然成趣。四周边缘变幻神奇，石纹纵横，层层有致。徐公石色有蟹青、茶褐、桔红、墨黑，石色深透而不艳，纹理交错如冰纹。硬度适宜，质嫩理细，温良如玉，叩之清脆，扪之柔润。自然天成，乃徐公砚的最大特点，最大优势。人们称之为"天下自然第一砚"。其它砚石开发时都是先采出一块大石头，随人的意愿进行分割切片加工，可以做多方一样的。可以生产出同种规格，同种样式的砚台。徐公砚是天然独立成型的，大小厚薄都不一样，薄的1-2厘米，厚的20-30厘米，大的可达2米，小的几厘米。亿万年地下水的冲刷在它的四周形成了优美的横竖纹理。所以徐公砚尽量保持它的自然的特点，它的边痕是不能动的，动了就生遗憾，只能在上下面进行加工。人工只能作用于自然基础之上，如果把自然美破坏了，也就没什么优势了。

姚树信的不少精品充分体现了徐公砚的这种风格。2001年，他们开采出一块多年未见过的砚石，不但周围有美丽的纹理，而且上面山头林立，中间是一些沟渠。他们决定不做任何加工，只在上面开一个砚池。成型后观之如群山环抱一汪天池。另一方叫作"龙吐砚"的则表现了人工与自然的巧妙结合；一尺见方的黑石，中有一股黄色的纹理，忽隐忽现地缭绕着。经过创意，他们在上面刻一盘旋巨龙，龙口与纹理相衔接，观之如龙吐天浆。姚树信说，"这几方砚，我会永远珍藏"。

四

山东是出圣贤的地方，山东人总有一种文化的负重感。

2000多年前，孔子面对礼崩乐坏的社会现实，周游列国，奔走呼号，虽为时人所不睬，但那执着沉重的喊声，却滚滚响过了两千多年，至今鸣响不已。

外表特像一名教师的姚树信在从事徐公砚的开发这样一项中华传统文化事业时，有时表现出来的竟像大成至圣先师那般沉重。多年来，他作为市政协副主席、全国闻明的制砚大家，他周游全国，奔走呼号，以期引起人们对徐公砚的关注。

他知道这样一个无法回避的现实：随着社会的飞速进步，人们不要说用毛笔写字，连用钢笔都越来越少了，直接电脑打字。社会的发展和文房四宝的使用似乎恰好成反比，看过"铡美案"的人可能都知道，包公左右站着王朝、马汉，一个托印，一个托砚。因为在唐宋年间是以文取仕，砚是一种权力的象征。老姚有时缅怀：我父母在我小的时候常讲，你要想出人头地，光宗耀祖，先要练好字。现在谁还讲这个？

有人问老姚，你的砚是给人看的，还是给人用的？现在有墨汁，也用不着磨墨了，甚至不用砚台用盘子不也可以吗？老姚回答：一个盘子和一方砚台放在书案上的感觉和品位是一样的吗？

老姚坚持认为，我们还应该看到另外一点，就是随着社会的进步，喜欢收藏、能够收藏的人越来越多了。有人连石头都收藏，何况文化品位更高的砚台呢。过去有句话：金石长不朽，书画自延年。这些人甚至不懂书画，但也喜欢砚台。1996年我去日本考察，他们的文房四宝店比中国还多、还大，有一定的人群在练习书法。因为日本文化和中国文化有好多相通的地方，他们卖的砚台多以端砚为主，价值颇高。

老姚相信中华传统文化的魅力：徐公砚毕竟已经湮没1000多年了，它会有市场的，我需要时间。

也许这时间已无需太久。现在，徐公砚已经有了这样的知名度。在孔孟之乡，知书达理的主人送给尊贵客人的最好礼物就是一方徐公砚，同时讲一段沧海桑田的故事：徐公砚周边为什么有美丽的石纹？原来沂蒙山区是一片大海。后地壳上升成为丘陵，但石仍在地下水的浸泡之中。软者化成泥土，硬者留传下来。

人世沧桑，何可度之？

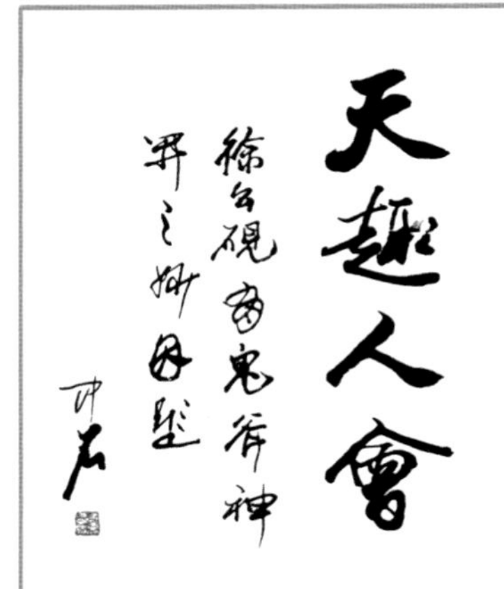

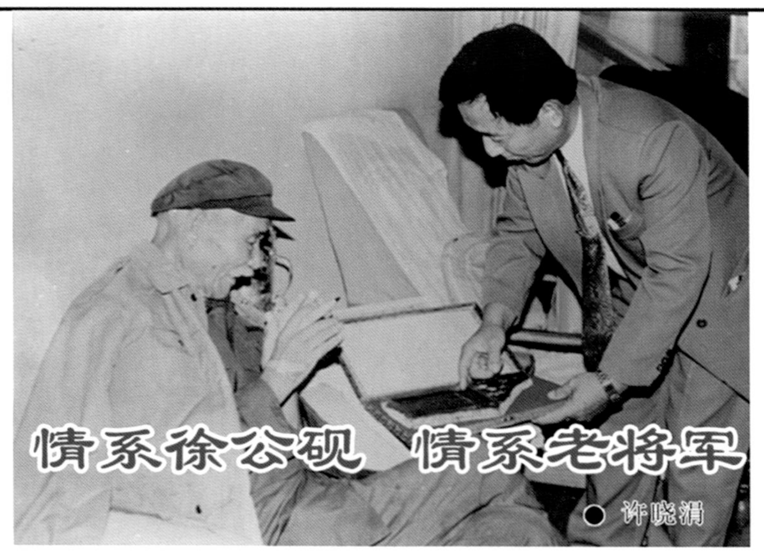

情系徐公砚 情系老将军

● 许晓涓

中华瑰宝——徐公砚，湮没了千年之后，又重放光彩。这要归功于山东省政协委员、优秀民营企业家姚树信的不懈努力。

与被誉为“人间重”的广东端砚、“发墨如油不伤毫”的安徽歙砚、“绿如蓝润如玉”的甘肃洮砚并称四大名砚的徐公砚在唐代中期就已流行，并负盛名。唐代大书法家颜真卿、柳公权，宋代的欧阳修、苏轼等在其著作中曾对徐公砚有很高的评价。而且，徐公砚名称的由来还含有一段趣闻。

唐代徐晦赴京赶考，途经沂地，偶见奇形石片，因爱其形色，试磨成砚。在京会考，因天寒众举子砚墨凝冰不得书，唯徐晦砚墨如油，他满腹经纶，跃然纸上，得到主考官杨凭赏识，考中进士，一直做到礼部尚书。70休官，因不忘得砚之恩，定居于得砚之地，时人尊称其徐公，该地渐名为徐公店，石亦被称为徐公石，用其石制砚，名为徐公砚。

到明清年代徐公砚石产地因地理偏僻，经济落后，生活贫困等诸因素，徐公砚绝少生产，因此世间流传很少。但徐公砚艺术魅力无穷，历来被砚石收藏家视为中华瑰宝，砚林之珍品。

改革开放给中华民族带来全面复兴的历史机遇。自明清以后，绝少生产而几近失传的徐公砚也复苏了。

1994年8月，身为山东省政协委员的姚树信先生到沂南蒙阴考察，被当地特有的徐公砚资源所倾倒。他深知，源于象形文字的方块字所独具的书法艺术魅力，必将在中华文化的复兴中发扬光大。最能体现中华传统文化的砚台产品，在东西方文化相接相融中面临着大好商机。

自1994年以来，姚树信以独特的文化素养和独到的经营头脑，投入数十万元，8次带砚进京参展，一次出国考察。姚树信情系徐公砚，为增加徐公砚的知名度，使其艺术内涵为社会所共识，立下汗马功劳，取得了可喜的成果。

姚树信是个拥军模范，每年春节期间，他都要和当地的书法家一起为当地的烈军属撰写春联。1995年9月18日，他被选为全国民营企业的唯一代表，进京参加纪念抗日战争胜利50周年暨开国老将军与全国企业家代表的联谊活动。为表达民族胜利喜悦及对老将军的崇敬之情，他主动向组委会捐赠了价值10万元的60方徐公砚精品，赠给在京的一些老将军。孙毅将军接过徐公砚，高兴的为姚树信题字：“造化神工”。王宗槐将军也欣然题字：“中华瑰宝”。

解放军报
周末版
一九九九年五月十四日
总第三四四期

DAZHONG
大众日报
2003年2月24日
星期一
农历癸未年正月廿四
第21835期
今日8版
http://www.dzwww.com

历经沧桑，湮没千年，曾于唐代跻身“四大名砚”之列的徐公砚，因一位山东优秀民营企业家的关注——

重振声名复惊艳

□本报记者　籍雅文

上图为生产车间一角

“沂地奇石藏南川，琢砚润墨不畏寒。徐生偶得是天助，长安殿试列榜前。历经沧海几变迁，湮没瑰宝逾千年。独具慧眼姚树信，重现自然惊世间。”这首诗是当代著名书法家孟蒙写的。诗中的“奇石”，便是被砚石收藏视为中华瑰宝的“徐公石”，而由其琢出来的“砚”，便是素有“中国自然第一砚”之称的“徐公砚”。而诗中提到的姚树信，则是我省一位民营企业家——兖州市中国徐公砚开发公司董事长、中国文房四宝协会的副会长。徐公砚正是因为有了他的参与，才在沉寂千年之后再次大振声名，重放异彩。

徐公砚是鲁砚中的名品，得名于唐代徐晦。唐代举子徐晦赴京应试，路经沂地拾奇石研磨成砚，考场上得砚之恩，于是在告老后定居于得砚之地，被人尊为“徐公”，该地后来易名“徐公店”，而由当地奇石制成的砚台也就被称作徐公砚。该砚在唐宋时即负盛名，备受颜真卿、柳公权、欧阳修、苏轼和米芾等名家的青睐赞誉。但自宋代以后，徐公砚产量日渐萎缩，几近销声匿迹，只闻其名，难见其砚，沉寂竟达千年之久。直到近年，当地人才又偶得徐公石，雕琢成砚，但技艺粗糙，难成精品，难负徐公砚之盛名。

“1994年，中央统战部号召民营企业家参与老少边穷地区开发资源、新上项目，开展帮助当地农民致富的‘光彩事业’。就是那年，我去了沂蒙老区沂南，在那里了解了徐公砚的遭遇和处境。当时我就下了决心，一定要和当地政府一起把这一沉睡了千年的文化遗产拯救好，让它再次焕发光芒，并帮助当地人致富。”姚树信回忆道，“当时我做这个决定，绝对不是从商业角度出发的，只是感到这么好的东西让它睡在地下太可惜了。”据他介绍，徐公石属玄武岩，一般深埋于山地下五六米处，曾经亿万年风化水蚀，砚石独立成形，形态各异，天然成趣；四周边缘变幻神奇，石纹纵横，层层有致；石色有蟹青、茶褐、桔红、墨黑，深透而不浮艳，纹理丰实交错如冰纹；硬度适宜，质嫩理细，温良如玉，叩之清脆，扪之柔润，是砚石中的极品。其本身价值已经不菲。

为能生产出富有艺术内涵的徐公砚精品，姚树信精选砚石，逐块砚石反复推敲，因材而就，精工雕琢，许多精品砚屡次在各种名砚展览评比中荣获金奖。现如今，徐公砚已畅销日本和东南亚等国家，作为国宝，徐公砚还被国家领导人作为国礼赠送国际友人。

记者感言

民营资本投入文化产业，令人关注。姚树信在徐公砚开发上的成功，让我们为之一震。我国目前的文化产业状况不尽如人意，发展壮大文化产业更是党的十六大提出的鲜明课题。事实证明，单靠政府投入去搞一项事业已不够现实，并且这也有悖于市场经济的运作规律。所以发展壮大文化产业就不能再单纯是政府行为，而应该调动社会的一切积极因素，多方融资，多种经营，既可以让民营企业投资开发，也可以引进外国资本，既可以搞集约经营，又可以搞单项突破。除了要有政府的引导，发展文化产业必需靠市场经济的手段才能得以走上良性轨道。

姚树信先生徐公砚艺术展题贺
大匠不作
大巧若拙
朱铭

山东省美术家协会原副主席、山东工艺美术学院原副院长朱铭为徐公砚题词

寻访民间文化系列报道

领导科学（内参）

■ 内参供省部级以上领导参阅

砚与中国传统文化

姚树信

砚台作为我们华夏民族书写绘画的辅助工具，绵延五六千年。在人类社会中，是一种独特的文化现象，蕴含着极其丰富的历史文化内涵，浓缩了中华民族的无穷智慧。

举世瞩目的北京奥运会在隆重、热烈、宏大、史诗般的开幕式上，首先亮镜的就是中国的宣纸、毛笔、徽墨和砚台，然后以优美的舞姿来表现中国书法的豪气和中国绘画的壮观，体现了文房四宝和中国书画艺术，代表了中国传统文化的精髓。

砚是磨墨工具，为社会发展和文化艺术的传播，做出了特殊贡献，它自身也在这一过程中发展成一种文化载体。砚与文字同兴，由于应用而演变发展。中国古代的各个历史时期，各地对砚的制作都有不同的审美要求，因此砚有丰富的历史内涵和艺术风格，并日臻完美，最终便形成中国传统文化中一个非常独特的艺术品类。

从传世砚品和考古发掘资料中，可以通过这些实物知道，在我国仰韶文化初期，就有了研磨用的石头，后来经过汉晋时期的陶砚、青瓷砚，到了唐宋年间，已进入砚的成熟期，端砚、歙砚、洮砚、徐公砚开始流行。明清时期，则是砚的繁荣期。砚的形体和纹饰朝着美化的方向发展，由原始的简单、实用，逐步演变成工艺精湛，雕刻细腻，成为集观赏、收藏、实用于一体的工艺品。

在我国历史上，有不少文学家、书法家、达官贵人、帝王将相将得到一方好砚，视为珍宝。南唐后主李煜把喜欢的砚台放在案头床边，终日相伴把玩，封砚工李少微为“砚务官”，专门执掌朝廷用砚。清代康熙皇帝则禁止民间开采满清发祥地吉林的松花石，专门由官方制作松花砚，用来奖赐有功之臣。在封建社会，砚还是身份和权利的象征。如京剧“铡美案”，包公出场，两边站着王朝、马汉，王朝托印象征皇权，马汉托砚用来表达包公的公断。上世纪六十年代，北师大有位王教授，家有世代相传的一方宋砚。康生闻之，想借来一观，王教授深知康生秉性，料到此砚到了康生之手难以归还，借故婉拒。康生怀恨在心，借文革之际，指使红卫兵对王教授实施抄家，抄得的祖传宋砚交到康生之手，为达永据己有的目的，又把王教授流放到北大荒劳动改造。人世沧桑，十年动乱结束后，王教授返校任教。康生不义夺去的宋砚，又送回王教授手中。王教授为这方砚台所遭受的不测之祸，终于失而复得，感动地热泪纵横，说：此砚复得，死而无憾矣！

1994年在中国美术馆举办的全国首届名砚大展中，除了古砚、现代砚，在专柜中还陈列着十多方名人砚，有毛泽东、周恩来等开国元勋用过的砚台，联想到毛主席就是用这方貌不惊人的砚台写出了决定中华民族命运的战略名著和脍炙人口的《沁园春.雪》、《长征》等30多首诗词。观其砚，流连忘返、感慨万千。一方汉砚，可谓一级文物，一代伟人用过的砚台，可以说不能以金钱来衡量，而珍藏于故宫博物院，供世人观赏。细观巴金、矛盾、老舍等大作家用过的砚台，联想到他们就是用这砚台，写出了数卷巨著的不朽之作，真是令人肃然起敬。

中国人对砚台有爱好欣赏的传统，很多人以砚台为传世之物，进一步了解研究就会发现砚文化的乐趣无尽。古人云：以铜为镜，可以正衣冠；以史为镜，可以见兴衰；以人为镜，可以知得失，然而我认为以砚为镜，可以悟人生。

品砚产生美感、灵感、悬感，启迪审美情趣，以此陶冶情操，磨冶志趣，乃人生雅事。

千百年来，我们的前人均用毛笔写字进行文化学习和交流。在封建社会里，通过科举考试，以文取仕，要想进入仕途，就要从小读书习字。因而无论是文人雅士

（未完待续）

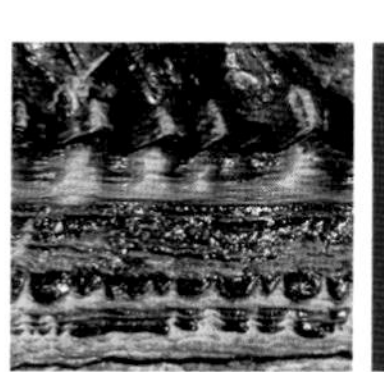

九、光彩溢目

1994年携徐公砚进京参加在中国美术馆举办的首届全国名砚大展，荣获“94中国名砚博览会金奖”；

2000年荣获第八届（上海）全国文房四宝艺术博览会“国之宝”证书；

2003年荣获第十四届（北京）全国文房四宝艺术博览会“国之宝”证书；

2006年荣获“中国文房四宝名师名砚精品大赛金奖”；

2011年荣获“鲁砚创新艺术展特等奖”；

2014年荣获中国国际传统工艺博览会“中国传统工艺特殊贡献奖”；

2019年被中国文房四宝协会授予“特殊贡献奖”，并被聘为中国文房四宝协会高级专家顾问；

2020年荣获“影响百年．中法艺术终身成就奖”。

2010 年，十一届全国人大副委员长周铁农为作者颁发第七届感动中国艺术家奖牌。

2012 年 11 月，第十一届全国政协副主席厉无畏为作者颁奖。

2006 年 8 月，在人民大会堂受到中国轻工联合会陈士能会长、中国文房四宝协会会长郭海棠的亲切接见。

2019 年 1 月，鉴于作者在全国文房四宝行业中的知名度与声望，以及作出的卓越贡献，协会授予作者（左一）改革开放40周年、建会30周年“特殊贡献奖”。

2006 年 8 月，作者（右一）当选为中国文房四宝协会第五届理事会副会长。

2009 年 8 月荣获“中国杰出民营企业家”荣誉称号。

2010 年荣获“第七届感动中国十大杰出艺术家”荣誉称号。

2011 年参加第二届时代英模座谈会，被授予“中华先进英模人物”荣誉称号。

2014 年荣获中国国际传统工艺博览会“中国传统工艺特殊贡献奖”。

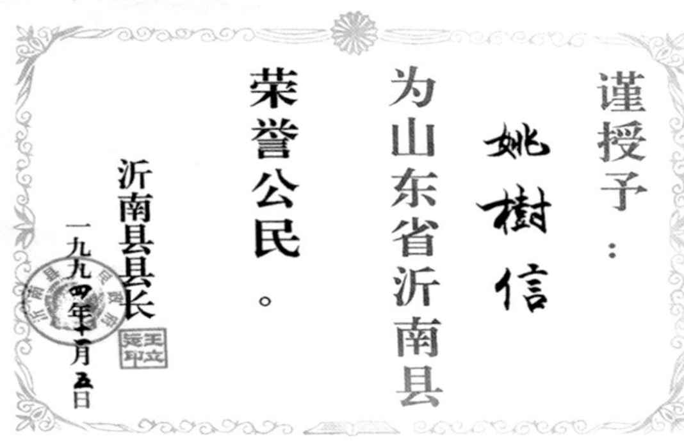

谨授予：

姚树信

为山东省沂南县

荣誉公民。

沂南县县长

一九九四年十月五日

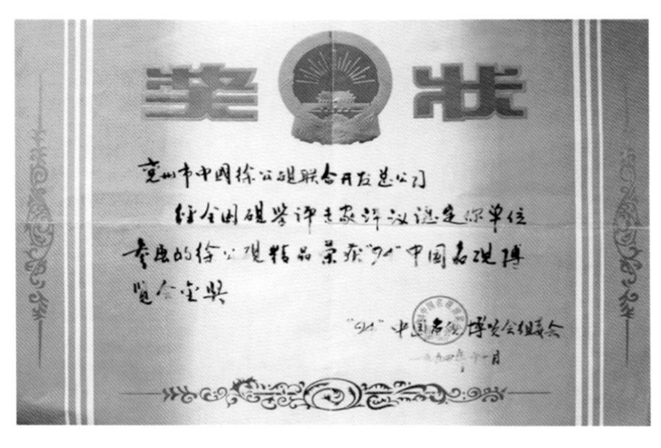

奖状

兖州市中国徐公砚联合开发总公司

经全国砚学评专家评议认定你单位参展的徐公砚精品荣获"94"中国名砚博览会金奖

"94"中国名砚博览会组委会

一九九四年十一月

国之宝

證書

（有效期：2000年十一月至2003年十一月）

中国文房四宝协会颁发

山东省兖州市中国徐公砚联合开发总公司

你单位 宝砚 牌 中高档精品徐公砚，在贰仟年第八届全国文房四宝艺术博览会上，被认定为中国文房四宝十大名砚，特发此证。

中国文房四宝协会

2000年十一月二十六日

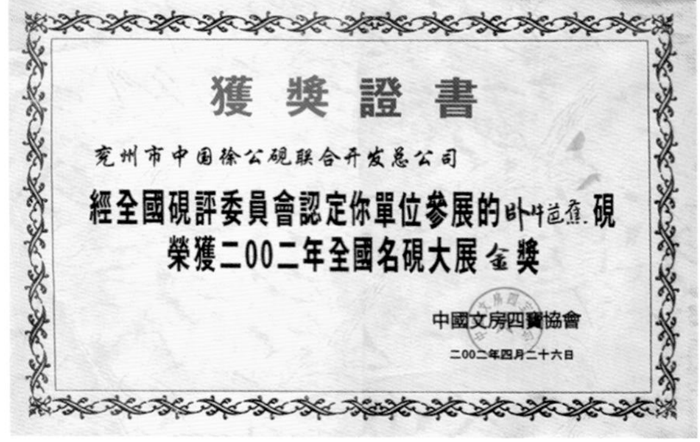

獲奬證書

兖州市中国徐公砚联合开发总公司

經全國硯評委員會認定你單位參展的卧牛芭蕉砚榮獲二00二年全國名硯大展金奬

中國文房四寶協會

二00二年四月二十六日

国之宝

證書

（有效期：2003年十一月至2007年十一月）

中国文房四宝协会颁发

山东省兖州市中国徐公砚联合开发总公司

你单位 宝砚 牌 高档徐公砚，在2003年第十四届全国文房四宝艺术博览会上，被认定为中国文房四宝十大名砚，特发此证。

中国文房四宝协会

2003年十一月二十二日

證　書

姚树信先生：

您（单位）创作的 石玉锦砚 徐公 砚（规格：35×40×20厘米），荣获（2006年）第四届中国文房四宝名师名砚精品大赛 金 奖。特发此证。

（有效期：2006年4月至2009年4月）

中四寶協證字第44號　　中國文房四寶協會

2006年4月15日

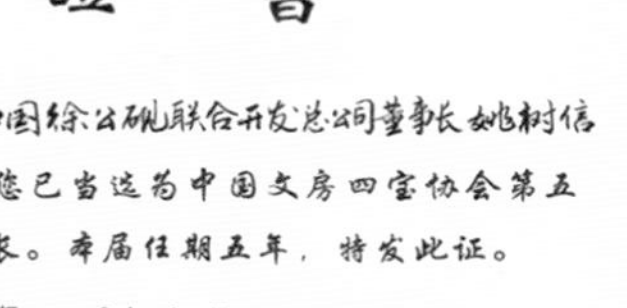

證　書

山东省兖州市中国徐公砚联合开发总公司董事长姚树信

经选举，您已当选为中国文房四宝协会第五届理事会副会长。本届任期五年，特发此证。

（有效期：2006年8月至2011年8月）

中四寶協證字第14號　　中國文房四寶協會

2006年8月20日

荣誉证书

HONORARY CREDENTIAL

姚树信（先生/女士）

经中国儒商评选委员会审定，获二〇〇九年"首届中国儒商"荣誉称号，特此证明。

中国儒商评选委员会

二〇〇九年十月三十一日

荣誉证书

姚树信同志：

鉴于您在不同的历史时期，在不同的工作岗位上，为新中国的经济建设和繁荣富强做出了突出贡献。在2009年庆祝新中国成立60周年的征文活动中，您的光辉形象，先进事迹已被载入《共和国功勋人物志》。

特颁此证

二〇〇九年十月

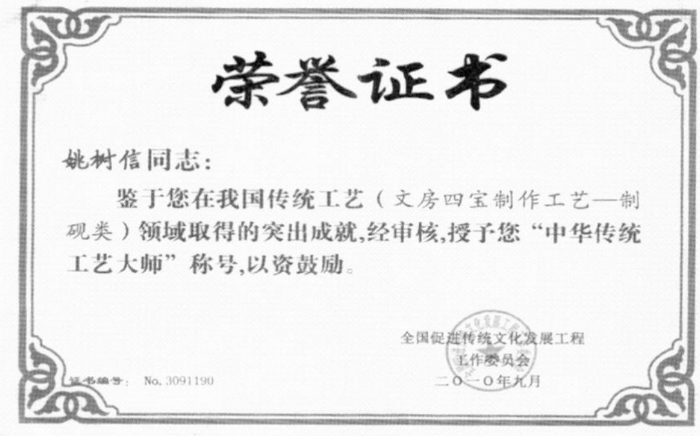
荣誉证书

姚树信同志：

鉴于您在我国传统工艺（文房四宝制作工艺—制砚类）领域取得的突出成就，经审核，授予您"中华传统工艺大师"称号，以资鼓励。

证书编号：No. 3091190

全国促进传统文化发展工程工作委员会

二〇一〇年九月

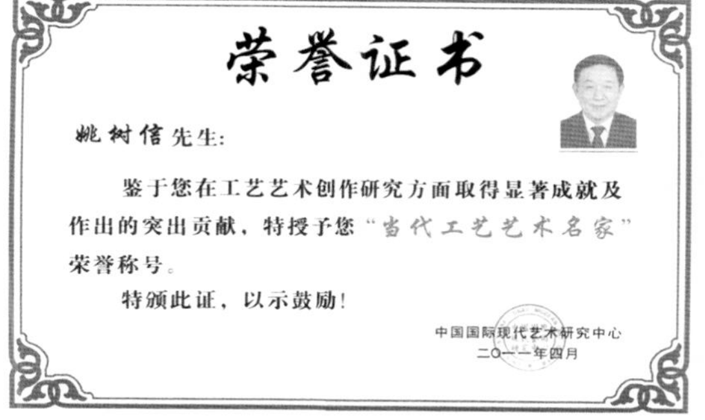
荣誉证书

姚树信先生：

鉴于您在工艺艺术创作研究方面取得显著成就及作出的突出贡献，特授予您"当代工艺艺术名家"荣誉称号。

特颁此证，以示鼓励！

中国国际现代艺术研究中心

二〇一一年四月

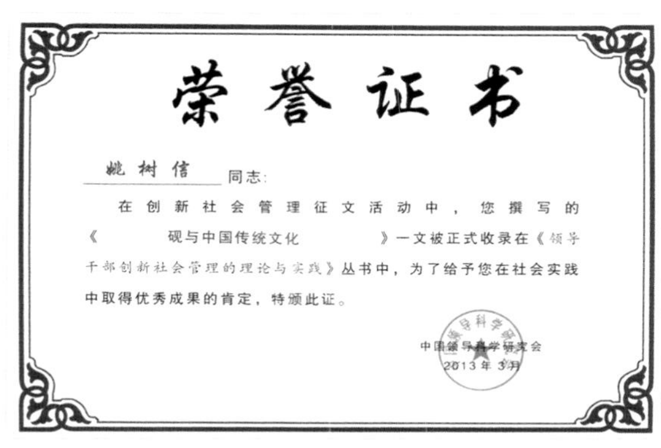
荣誉证书

姚树信同志：

在创新社会管理征文活动中，您撰写的《砚与中国传统文化》一文被正式收录在《领导干部创新社会管理的理论与实践》丛书中，为了给予您在社会实践中取得优秀成果的肯定，特颁此证。

中国领导科学研究会

2013年3月

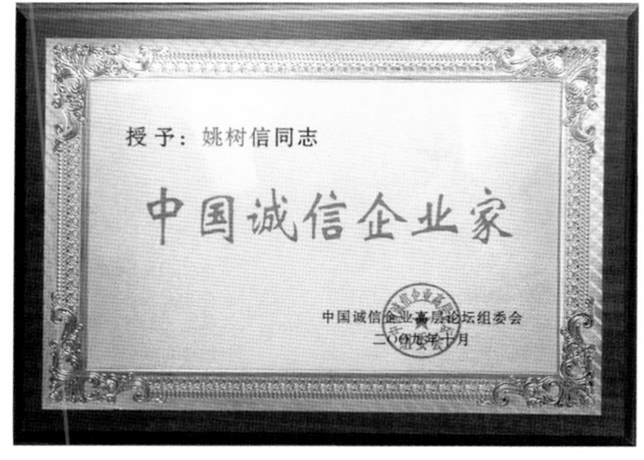
授予：姚树信同志

中国诚信企业家

中国诚信企业家高层论坛组委会

二〇〇九年十月

姚树信同志：

鉴于您为我国传统文化发展和继承所作出的突出贡献，经严格审评特授予

中国传统文化优秀企业家

二零一一年五月十五日

中国世纪大采风

（第十二届）

姚树信

中国当代德艺双馨艺术家

中国世纪大采风活动组织委员会

2012.5·北京

授予：中国徐公砚

最具文化特色艺术品

二零一二年五月十三日

证书

CREDENTIAL

中国传统工艺特殊贡献奖

获奖人：姚树信
Prize Winner

编号：QG2014-01-251
No.

全国促进传统文化发展工程
手工艺制品研究开发工作委员会

第一届中国国际传统工艺技术
研讨会暨博览会名人名品展组委会
发证日期：2014年12月21日
License Issuing Date 2014 Years 12 Month 21 Day

说明

1、本证书为获奖人的身份证明，采用实名制持有方式，单独编号，具有真实性；
2、本证书只对在第一届中国国际传统工艺技术研讨会暨博览会名人名品展评选出的获奖人出具，具有独特性；
3、本证书由全国促进传统文化发展工程手工艺制品研究开发工作委员会和第一届中国国际传统工艺技术研讨会暨博览会名人名品展组委会颁发，具有权威性。

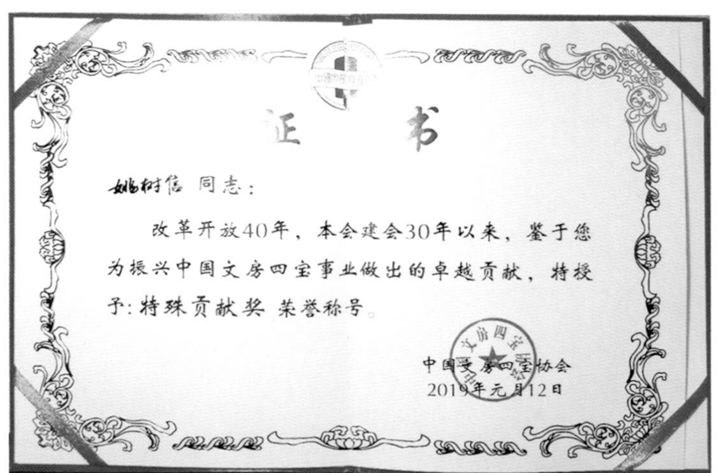

证 书

姚树信 同志：

改革开放40年，本会建会30年以来，鉴于您为振兴中国文房四宝事业做出的卓越贡献，特授予：特殊贡献奖 荣誉称号。

中国文房四宝协会
2019年元月12日

荣誉证书

姚树信同志：

你撰写的《砚与中国传统文化》一文，具有较好的阅读、交流、参考和收藏价值，该文已被正式入编由中央党校中国领导科学研究会编辑、中央文献出版社出版发行的《领导干部创新社会管理的理论与实践》大型文集中。为了给予您在理论实践探索中取得优秀成果的肯定，特颁此证。

中国领导科学研究会
二〇一二年十[illegible]月

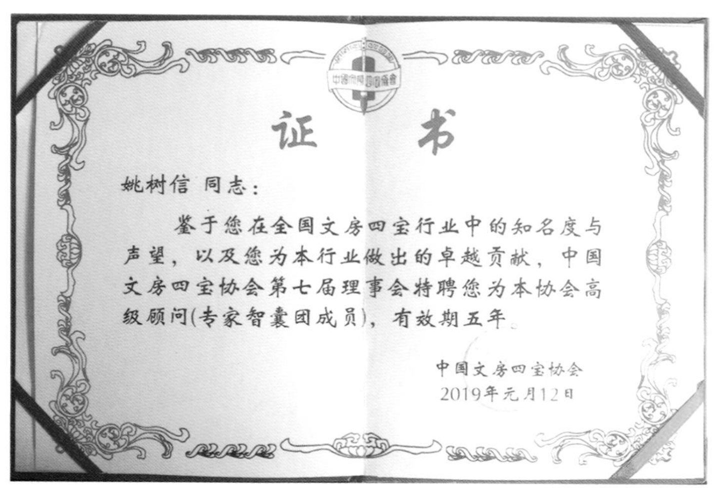

证 书

姚树信 同志：

鉴于您在全国文房四宝行业中的知名度与声望，以及您为本行业做出的卓越贡献，中国文房四宝协会第七届理事会特聘您为本协会高级顾问(专家智囊团成员)，有效期五年。

中国文房四宝协会
2019年元月12日

中华传统工艺大师
高级传统工艺师
姚树信
全国促进传统文化发展工程工作委员会
全国商务人员职业技能考评委员会
国务院国资委商业技能鉴定中心

获奖证书
您的作品
在"鲁砚创新
艺术展"中获特等奖，特颁此证。
2011年9月
评委签名：

HONOR CERTIFICATE
LE DIRECTEUR DE I'ECOLC
NATIONALC SUPERIEURE
DES BEAUX-ARTS
accorder par de ce jour
Monsieur Yao Shuxin
INFLUENCE CENTENAIRE
PRIX SINO-FRENCH ART LIFETIME ACHIEVEMENT
法兰西皇家美术学院院长兹授予姚树信先生
影响百年·中法艺术终身成就奖
Jean de Loisy
姚树信
法兰西皇家美术学院
2020年5月
金奖
北京首届国际书画艺术博览会

跋

一件事情持之以恒地做 28 年，实属不易，姚树信先生却做到了。

姚树信先生的这部著作详细地记录、保存、传播了他为徐公砚所做的一切。

1994 年，久负盛名的“家具大王”姚树信先生，随山东省光彩扶贫事业考察团来到革命老区沂蒙山，在那里他相中了徐公砚项目，并开始了此后的“砚”遇人生。

28 年里，姚树信先生对于徐公砚情有独钟，他好砚、制砚、赏砚、藏砚，砚在他的心目中有乾坤、有故事、有寄托、有情趣。28 年间，姚树信先生用他辛勤的汗水和努力，造就出不一样的“砚”遇人生。一路走来，他由砚文化的投资者、爱好者，转身为砚文化的收藏者、研究者，更成为徐公砚的塑造者、传播者。在中国文房四宝界，姚树信先生已是声名远播的砚文化大家，不仅连续两届当选中国文房四宝协会副会长，更在八十大寿之年，被中国文房四宝协会授予特殊贡献奖。

姚树信先生于徐公砚是有大功之人。

其一，功在为徐公砚建业。在沂南县，徐公砚那卓而不群的天然品质深深地感动了姚树信先生，更为打动他的还有徐公砚那不幸的“遭遇”：辉煌于前，沉沦于后，埋没地下，世人不知，如此竟达千年之久。扼腕叹息之中，他与当地政府、企业达成共同开发徐公砚的协议。姚树信先生的到来，对徐公砚是一次重大机遇。他成立中国徐公砚联合开发总公司，潜心踏上开发、设计、研究、收藏徐公砚的征途，带动了当地制砚产业的形成与繁荣。网上有篇关于徐公砚的帖文：“说到文化价值的挖掘，就不能不说到一个人，一个对徐公砚的生产产生重要影响的人。在徐公店，跟村民聊天，他们的口中总会提到一个名字——姚树信，这位曾经驰名齐鲁大地的‘家具大王’，秉持着书香门第的家传，满怀着对沂南文化的热爱，从 20 世纪 90 年代开始，充分利用徐公砚这一独有的矿产资源，全面塑造徐公砚的文化品牌，在形成当地一大产业的同时，不断提升徐公砚的艺术品质，加大推广力度，才使得这一文化宝藏看到了再现辉煌的前景，也让当地百姓增强了美好生活的希望。”

砚史千年，文人对徐公砚的歌咏、手记甚少，以致其游离于艺史边缘，鲜有人识。千年之后，真正为徐公砚拂去岁月尘埃，使其重新焕发出神采的是一位叫姚树信的人。姚树信先生身存慧心，他以光彩扶贫为契机，先做初步探究，进而深度投资，剥离砚石表外厚重冰冷之皮壳，追往回顾历史之余温，使徐公砚日趋欣欣向荣。姚树信先生的投资促进了徐公砚的集约化生产，通过引进、聚集制砚人才，推动了徐公砚雕刻理念、雕刻技艺的成熟。自此，精美的徐公砚层出不穷。当姚树信先生为徐公砚捧回第一个金奖时，时任县委书记黄宜泉代表县委、县政府授予姚树信“沂南县荣誉公民”殊荣，沂南县委、县政府派代表团专程赴兖州就民营企业家姚树信投身“光彩事业”、开发徐公砚的事迹，向兖州市委、市政府表示感谢。当年，济宁市工商联还因此授予姚树信“光彩事业特等功臣”。

其二，功在为徐公砚立身。一方好砚，需要看六个方面：一看砚质，二看砚工，三看砚品，四看砚纹，五看砚铭，六看砚饰。姚树信先生说：“并不是什么石头都可以用来做砚的。日本是个山国，但是却没有好砚材。中国如此之大，适合做砚材的也不过四五十种石头。”那么，徐公砚好在哪里呢？

它又是凭什么立身砚林的？徐公砚每块砚石都是天然成形，独一无二，大小厚薄都不一样，薄的仅一二厘米，厚的有二三十厘米，大的可达两米左右，小的也就几厘米。徐公石经亿万年地下水的冲刷所形成的优美的横竖纹理，是其最显著的边痕，也是徐公砚不可重复再现的自然边饰。这种边痕是万万不能动的，动了就生遗憾。琢徐公石为砚，人工只能作用于自然基础之上，如果把自然美破坏了，也就失去了徐公砚的价值。细心的姚树信先生早已沉入其中，他看到了徐公砚的天生丽质，发现了徐公砚的自然之美，进而提炼出“中华自然第一砚”概念，并以此来塑造徐公砚的品牌形象。的确，“中华自然第一砚”，徐公砚当之无愧。

一方徐公砚在手，你会发现它的与众不同，每一块砚台的形状都有其独具的特点，尤其是它的砚沿石边都是各具形态，天然成趣。徐公石产于山东省沂南县徐公店村，是当地独有的矿产资源，属玄武层，储量丰富。其石质坚硬，硬度适宜，堪称砚材之上品。用徐公石做成的徐公砚多为不规则扁平状，形态各异，不假人工，天趣盎然；其边生细碎石乳状石纹，软硬适度，纹彩奇妙；其色沉静，有蟹盖青、鳝鱼黄、沉绿、茶叶末、生褐、绀青、橘红等多种颜色。五彩缤纷中，有的如乌云翻滚，山雨欲来；有的如云雾迷漫，似有若无；有的如朝霞映辉，微波徐动；有的沉透若秋水，交错如冰纹。造化之莫测，天生之砚材。制成砚台后自然古朴，清新淡雅，质嫩理细，扣之如磬，扪之如玉，下墨如挫，发墨如油，有极高的观赏价值和收藏价值。起初，参观的人们只是为形态各异的徐公砚惊奇。后经姚树信先生挑明，方知徐公砚的妙趣在于边痕，看着四周边缘的纵横石纹，不仅层层有致，而且变幻神奇，人们不得不惊叹大自然的鬼斧神工。

姚树信先生经营徐公砚的思路非常清晰，他指导砚雕师们依石相去构思施艺，巧思堪赞，也许是石佳工妙，令徐公砚处处生趣，艺心凸显，原本是丑小鸭的砚石，凭借自然和人工顿成白天鹅，尤其在近十几年声名鹊起，身价飙升。享有“中华自然第一砚”美誉的徐公砚，贵在天然，没有一方砚是重复的。徐公砚就是在独一无二中积累起日益丰富的文化内涵的，各式各样的徐公砚极大地满足了当今文人墨客日益增长的精神生活需求。

其三，功在为徐公砚扬名。砚虽为石，石亦有心，须用诚心来感动，姚树信先生做到了。公司刚成立，他便带着重见天日的徐公砚“进京赶考”，参加在中国美术馆举办的首届全国名砚博览会，囊括了“全国名砚博览会金奖”和“优秀作品奖”两大奖项，引得同行侧目，京城轰动。就像当年发现徐公石的徐晦科场成名一样，徐公砚在众多名砚中独占鳌头。

28 年来，为给徐公砚扬名，姚树信先生带着徐公砚年复一年地奔走在各种博览会上，从全国名砚博览会、北京书画艺术博览会、中国文房四宝艺术博览会，到全国民营企业商品博览会、世界妇女大会艺术博览会、深圳文化产业博览会、中国工艺美术博览会等，可谓呕心沥血；他带着徐公砚走南闯北，在中国美术馆、北京皇史宬、北京首都艺术博览会分别举办了“徐公砚精品展”，在济南荣宝斋举办“中华自然第一砚精品展”，堪称不辞劳苦；他还带着徐公砚走进高等院校，应邀在南京大学、南京林业大学作“砚与中国传统文化”的讲座，在北京钓鱼台国宾馆发表砚文化演讲。昔年徐公得砚石，今朝姚公扬美名。徐公砚在姚树信先生苦心经营下，先后赢得国家副主席荣毅仁，全国人大副委员长雷洁琼、吴阶平、廖汉生、程思远、王光英、布赫、许嘉璐、周铁农、厉无畏，全国政协副主席万国权、经叔平、王忠禹等国家领导人，以及开国老将军宋任穷、陈锡联、叶飞、孙毅、杨成武、王平等的认可与盛赞；启功、沈鹏、张仃、刘炳森、欧阳中石、李铎等众多文化名家先后为徐公砚题赞。28年来，徐公砚不仅荣获全国名砚博览会金奖、全国名师名砚精品大赛金奖、北京首届书画艺术博览会最高奖“景泰蓝杯”、鲁砚艺术创新展特等奖等众多荣誉，而且在第九届、第十五届中国文房四宝艺术博览会上，两次被评为“中国十大名砚”，两次荣获“国之宝”证书，入编中国文房四宝大型典籍《四宝精粹》。姚树信本人也先后获得“第七届感动中国十大杰出艺术家”“中华传统工艺大师”“高级传统工艺师”等荣誉称号。他参加中国传统工艺技术研讨会，并荣获“中国传统工艺特殊贡献奖”。他还远赴台北、东京等地考察，进行砚文化的交流与传播，在台湾大学发表“砚与中国传统文化”演讲。28年里，姚树信先生以不断地持续投入和艰辛的付出，不停地为徐公砚奔走呼号，以期引起人们对徐公砚的关注。他数十次携徐公砚进京，多次去上海、沈阳、西安、杭州、天津等地参加艺术博览会。八十岁之年依然带着徐公砚远赴深圳参加文博会，他就是这样持之以恒地一步步扩大着徐公砚的影响，终使徐公砚以其自然之美，赢得各界人士和书画家、收藏家的珍爱。

一个是艺术化的升华，一个是理论上的总结，姚树信先生让徐公砚展开了腾飞的双翼。如今，徐公砚以其色美、质优、发墨等品质已成为文人书房的钟爱之物，着实让每一个所见之人都心动不已。

在兖州，有一处“砚宝斋”，它是姚树信先生的庋砚之所。如今，昔日的兖州砚宝斋，已经发展为享誉四方的山东砚宝斋。这里所藏的徐公砚蔚为大观，500余方精品正在被姚树信夫妇温柔以待且悉心珍藏，砚面上映照着巧笑倩兮与琴瑟和鸣。从砚石产地和制砚工匠两方面来看，兖州都不具备出产砚台的优势。兖州本地一不产砚石，二无制砚历史可言。然而，徐公砚精品在兖州，已是不争的事实。恰恰就是因为姚树信先生的存在，因为姚树信先生的付出，因为姚树信先生的收藏，使得众多精品徐公砚留在了兖州，成就了今日之兖州新的文化风景。

出于对姚树信先生的尊敬和持续关注，我曾在多年之前就建议他出版一部关于徐公砚的书籍。直到前两年，这件事终于被姚先生提上日程，一来二去，我关注他，他亦信任着我。如此，我和姚先生便集中精力，花了不少时间，将已有的档案资料进行细密的爬梳，并鼓励他撰写成书。

砚文化博大精深，所谓“古砚如海”是也。姚树信先生能取一瓢饮，能于纷繁种种的砚林，树一“信”字，可敬可佩！正是出于这种观察，我乐意建议这本书取名《砚林树信》，去记述姚树信与徐公砚的故事，去辑录姚树信藏徐公砚的精华。

去岁，兖州区政协建设文史馆，姚树信先生听说后，果断地拿出12方精品砚台捐赠给区政协，此为文史馆建设未有之快举。厚望殷许，雅志互期。区政协给予姚树信先生的《感谢信》，让我感受到彼此的真情真意。此时，再多的陈述都显苍白，远不如直接转载来得透爽，正是：

尊敬的姚树信先生：

感谢您为区政协文史馆捐赠“龙腾砚”等十二方徐公砚精品！更感谢您几十年来情系政协，对政协工作一如既往的关心支持！

徐公砚造化天然，人称“天下自然第一砚”。名砚布陈区政协文史馆“珍品展室”，将为我区政协文史工作增光添彩。

徐公砚著称于唐，后掩名深山，纵使妙造天成、古朴大方，却湮没不彰、鲜为人知。先生少承家学，钟爱传统文化，1994年响应国家“光彩事业”号召到革命老区沂南投资开发徐公砚。先生精心设计、巧工琢磨，使徐公砚达到“天人合一”的至高境界，获评“国之宝”——中国十大名砚奖。

先生本人获评“中华传统工艺大师”。先生筚路蓝缕，以启山林，化璞石为珍宝，将徐公砚和中国砚文化传名于世界，为老区人民脱贫致富、弘扬中国传统文化做出突出贡献。

先生曾历任兖州县政协委员、兖州市政协副主席、山东省政协委员，对人民政协情有独钟，对政协文史工作更是关心牵挂，先生热心政协活动留下珍贵墨宝，支持民间文史研究，为区政协文史馆建设捐赠证件证书及实物资料。

美哉徐公砚，信然览奇绝！尝片脔而知一鼎，鉴宝砚而识先生。徐公砚之美不仅美在艺术，更是先生言为士则、行为世范风骨的写照！

最后，我们再次对先生致以诚挚的感谢！

中国人民政治协商会议
济宁市兖州区委员会
2021 年 10 月 20 日

今年 1 月 11 日，受姚树信先生之邀，一同前往兖州政协文史馆参观。此行，不仅受到兖州政协刘英会主席热情接待，我还从中看到、感受到姚树信先生对政协的一往情深。姚树信先生作为政协委员参政议政，丹心可鉴，他虽离任兖州政协多年，但对兖州政协建设文史馆依然慷慨捐赠，鼎力支持。

不忘来时路，方知梦归处。我了解姚树信先生的想法，他向兖州政协捐赠徐公砚和出版《砚林树信》这部书，其意义是一样的。姚树信先生想得看得更为高远，他是徐公砚的开发者、传承者、创新者，他最希望的是徐公砚能够持续地传承下去，看着一代代新人成长也是人世间的乐趣。我理解姚树信先生的做法，也唯有抓紧时间去做好这件事，才能够帮助他去实现夙愿。

受姚树信先生委托主编这本书，对我来说最需要感谢的是姚树信先生本人，谢谢姚先生的厚爱与信任。当然，还要感谢其家人与好友，他们的积极配合与支持，也是这本书得以顺利出版的动力。对于曾连续担任第四、五、六届中国文房四宝协会会长的郭海棠女士拨冗作序，对于中国书法家协会驻会副主席、分党组书记张飙先生欣然挥毫题写书名，对于西泠印社出版社的支持，均在此敬礼道谢！当然，还要感谢我们可爱的徐公砚的爱好者和收藏家们，谢谢你们，让姚树信先生以及我们的努力更有意义。

而今，《砚林树信》即将付梓，其过程的繁复和波折使我联想起王安石的一句诗：“看似寻常最奇崛，成如容易却艰辛。”28 年来，姚树信先生将徐公砚推广到全国各地，让众多的文化名家为徐公砚留下如此之多的赞许和墨迹，当今恐怕少有人可以企及。古往今来，喜砚、赏砚、藏砚者不乏其人，然而能像姚树信先生这样侧身其中而高标独树者，极其罕见。欣喜的是，这本书大致包含了姚树信先生与徐公砚的深情厚谊。姚树信先生的认可，即为玉汝于成。

人生有梦，梦归处，依然是砚文化！

壬寅虎年，时在惊蛰，春气萌动，恰是《砚林树信》付梓的最好时节。

王立强于济宁清风上楼
2022 年 3 月 9 日

后　记

1994 年，我随山东省“光彩事业”扶贫考察团赴沂蒙老区考察。在沂南县，我发现了徐公砚这一传统文化项目，并从此与砚结缘，开始了对砚文化的研究和对徐公砚的开发。

当时，在徐公砚产地徐公店从事制砚的还很少，仅有几户人家作为副业，有的农户会在农闲时带上少量的徐公砚坐火车去北京文化市场摆摊出售，可是几天下来无人问津，难以维持，只好低价抛售。在沂南县城的徐公砚厂也多因销路不畅，效益不好，处于半停滞状态。考察的过程中，我深深体会到当地政府和群众希望外地企业家投资开发徐公砚的迫切心情。

从事民营企业经营多年，我已经熟悉市场经济的发展脉络，要想打开市场，一是提高产品质量，二是提高产品知名度。面对徐公砚的困局，我考虑要把徐公砚推向市场，就必须针对市场需求对徐公砚进行创新设计，这样才能让徐公砚“靓”起来，让喜爱砚文化的收藏者、爱好者喜欢并接受徐公砚独有的艺术内涵。1994 年 8 月，我与沂南县有关企业签订了联合开发徐公砚的协议。首先注入资金，整合资源，提升了徐公砚的艺术设计和文化内涵。同时，抓住首届名砚博览会的重大机遇，携徐公砚进京参展。此后，又陆续参加了北京艺术博览会、全国工商联非公有制经济博览会、中国文房四宝协会每年举办的艺术博览会以及在山东、杭州、天津、西安、武汉、南京、上海、深圳举办的文化艺术博览会，持续不断地为徐公砚扬名。徐公砚的自然天成特色，强烈吸引了社会各界的关注，他们对徐公砚作出高度评价并为徐公砚题词。众多新闻媒体纷纷报道徐公砚的艺术内涵，促进了徐公砚快速走出沂蒙、进入北京、打入全国市场。

1994 年的时候，在徐公石的产地——徐公店，到处都是低矮的茅草屋和高低不平的土路。徐公砚有了知名度，很快带动了当地经济的发展，村里不仅建起了前店后厂的二层小楼，新修了宽敞平坦的水泥路，而且建成了颇具特色远近闻名的砚石一条街。我每次到徐公店，都会受到从事砚制作生产经营村民的热情招呼和接待。他们说：您在全国各地对徐公砚所做的宣传、取得的成果，成了我们对外宣传徐公砚的素材。我们都是受益者，非常感谢您为开发徐公砚所做的贡献。

作为一名响应党的号召而投身“光彩事业”的民营企业家，我到沂南县投入资金和精力，为发展砚文化事业所尽的只是微薄之力，也是应尽的责任。看到徐公砚进入中国美术馆、进入民族文化宫、进入北京展览馆等宏大的文化艺术殿堂，被评为全国十大名砚，被广大砚石爱好者视为收藏、传世、馈赠的艺术珍品，看到优秀的传统文化得到继承和弘扬，我非常欣慰，这也是我 28 年来，持之以恒一直坚守的初心。

众多朋友建议我将多年对砚文化的研究，以及对徐公砚的开发历程编撰成书，以利于砚文化的传承传播，也便于与砚友们交流。近年来，我开始接受朋友们的建议，着手从尘封多年的橱子里、箱子里找出了上万张开发徐公砚过程中拍摄的照片，一一看过，所有情景记忆犹新、历历在目，这也进一步增强了我出版此书的信心。出书对我也是叠梁架屋的大事，我将二十多年来刊登过我开发徐公砚的报纸、书刊，以及我在高等院校作砚文化讲座的讲稿，参加传统文化座谈的发言进行系统整理，又把所获得的奖杯、奖牌以及和国家领导人的合影，还有众多书法艺术家对徐公砚的题赞，在参加徐公砚展出时与艺术名人名家联谊的资料等进行编辑归类，从而为成书提供了丰富的素材，奠定了扎实的基础。把这本书呈现给大家，更多的期许是让砚石爱好者能够全面系统地了解徐公砚、观赏徐公砚、喜爱徐公砚和收藏徐公砚。在我开发徐公砚的过程中，作为全国优秀民营企业家曾有幸走进人民大会堂、全国政协礼堂、中南海、钓鱼台，并受到党和国家领导人的亲切接见，给了我莫大的精神鼓舞。

在《砚林树信》付梓之时，感谢中国文房四宝协会原会长郭海棠为此书赐序增辉；感谢中国书法家协会中直机关分会会长、中国书法家协会第四届驻会副主席张飙为本书题写书名；感谢文艺评论家、文化学者、高级记者王立强教授担任《砚林树信》的主编，他为此书的编辑所作的大量工作及辛苦付出，乃是此书得以完璧的玉成之力。同时，我要感谢西泠印社出版社诸位领导和责任编辑的支持和帮助。对广大朋友的关注、支持、鼓励和指导，一并表示衷心的感谢。本书舛漏之处，还请方家赐教。

姚树信于砚宝斋
2022 年 3 月 18 日